高职高专机电类专业规划教材

U0288084

PLC应用与实训

（西门子）

周四六　叶新颖　卢建青　主编

化学工业出版社

·北京·

本书以 S7-200 系列小型整体式可编程控制器为对象，对其常用指令及其基础应用进行了介绍。主要内容包括 S7-200 系列 PLC 基本逻辑指令及应用、三相异步电动机全压启动控制、三相异步电动机降压启动、数字量控制系统的 PLC 编程方法及应用、单按钮启-保-停控制电路、彩灯控制电路、PLC 液位控制电路的编程及设计等。

本书可作为高职高专、中等职业学校的电气自动化、机电类专业的教材，也可作为企业技术人员的参考用书。

图书在版编目（CIP）数据

PLC 应用与实训：西门子/周四六，叶新颖，卢建青主编.
北京：化学工业出版社，2018.6
高职高专机电类专业规划教材
ISBN 978-7-122-31958-6

Ⅰ．①P… Ⅱ．①周…②叶…③卢… Ⅲ．①PLC 技术-
高等职业教育-教材 Ⅳ．①TM571.61

中国版本图书馆 CIP 数据核字（2018）第 074148 号

责任编辑：潘新文　　　　　　　　　　　　　装帧设计：韩　飞
责任校对：吴　静

出版发行：化学工业出版社（北京市东城区青年湖南街 13 号　邮政编码 100011）
印　　刷：三河市航远印刷有限公司
装　　订：三河市宇新装订厂
787mm×1092mm　1/16　印张 14¾　字数 365 千字　2018 年 8 月北京第 1 版第 1 次印刷

购书咨询：010-64518888（传真：010-64519686）　售后服务：010-64518899
网　　址：http://www.cip.com.cn
凡购买本书，如有缺损质量问题，本社销售中心负责调换。

定　　价：35.00 元

▷▷ 前 言

可编程控制器（PLC）以其控制能力强、可靠性高、使用方便等优点，被广泛地应用在工业自动控制领域中。PLC编程设计及应用已成为现代工业控制领域技术人员必须掌握的一门技术，目前越来越多的职业院校相关专业开设了PLC应用课程。我们针对目前职业院校教学实际情况，在总结近十年PLC实践教学及工程开发经验的基础上，组织资深专业教师及高级工程技术人员编写了这本PLC项目教程。本书以西门子公司S7-200系列微型整体式PLC为参考机型，在编写过程中力求做到以下几点。

1. 项目设计切实可行

教学项目内容的设计尽量采用实际工业生产领域的工控实例，并考虑学校的实际设备限制，对其进行适当的简化，使教学实施切实可行。各项目中采用"积木"式的通用器材组合，有效克服了在使用PLC实训工作台时因教学项目固化、设备无法及时更新而造成的学习内容受局限、与工控实际严重脱节的问题。各项目中都附有详细的实物图片，教学时可按图组织器材。

2. 难度适中，富有弹性

在教学项目的选择上注意做到难度适中。如果所选项目难度过高，学生难以理解和吸收，不仅收不到预期的教学效果，还会导致学生失去对PLC的学习兴趣；而如果项目难度过低，又会降低PLC应用技术教学质量，达不到既定的教学目标，也会影响很多同学的学习热情和积极性。为此我们在各教学项目中都安排了具有一定梯度的学习任务，指导教师可根据学生掌握PLC应用技能的实际情况，灵活选择其中的部分任务组织教学。

3. 以用促学，学以致用

本书采用"项目引领，任务驱动"式编写模式，核心理念是"在做中学，在学中做"。S7-200系列PLC指令系统十分庞杂，教材中仅对具体学习任务所涉及的相关指令进行了必要的介绍，重点加强实践环节，以培养学生从事项目开发的实践能力，使学生在完成学习任务的过程中学会方法，提高技能。

4. 紧密联系工程实际

本教材各个学习任务中的相关内容力求反映新技术在工控领域的具体运用，从而缩短学校教育与企业需要的距离，更好地满足企业岗位用人的需要。

本教材的教学实施，可根据各个专业的具体特点和本校教学实际情况，在70～120学时的范围内灵活选择。

为方便读者学习，本书备有各学习任务中所涉及的PLC控制程序，读者可通过1184224555@qq.com联系索取。

本书由武汉职业技术学院周四六、福建林业职业技术学院叶新颖、唐山职业技术学院卢建青担任主编，武汉清达环保科技有限公司文正在、湖北蓝宇航标股份有限公司张震波同志参加了编写工作。

本书虽经多次修改审核，但由于水平所限，书中还是难免有不妥之处，恳请读者提出宝贵意见。

编　者

2018年2月

目 录

初识S7-200系列PLC

【项目描述】

可编程控制器（Programmable Logic Controller，简称PLC）是在继电器控制和计算机技术的基础上逐渐发展起来的以微处理器为核心，集微电子技术、自动化技术、计算机技术、通信技术为一体，以工业自动化控制为目标的新型控制装置，是工业控制领域的一个重要组成部分。

可编程控制器不仅具备了继电器接触器控制系统简单易学的优点，而且具备计算机系统功能齐全、使用灵活、通用性强的特点。它采用小型化和超小型化的硬件结构，用计算机的软件逻辑代替继电器控制的硬接线逻辑。PLC以其优异的性能、低廉的价格和高可靠性等优点，在机器制造、冶金、化工、煤炭、汽车、纺织、食品等诸多行业的自动控制系统中得到广泛应用。

本项目主要讲述S7-200系列PLC的硬件组成及各部分的功能、编程元件、编程语言的功用、I/O配线以及STEP7-Micro/WIN V4.0 SP6编程软件的应用。

本项目实施前可组织现场观察S7-200系列PLC，了解PLC的硬件组成及各部分的功能。教师根据学生掌握电气及PLC基本技能的熟练程度，结合器材准备情况，将全班同学按项目任务分成相应的两个大组，每个大组包含若干个学习小组，各小组成员以2～3名为宜。所有学习任务应顺序进行，建议完成时间为16学时，每个任务相关知识讲授4学时，分组操作训练3.5学时，教师集中点评0.5学时。

【工具设备】

表1-1列出了各任务所需的全部工具、设备。根据所选学习任务的不同，各小组领用器材略有区别。

表1-1 工具、设备清单

分类	名称	型号规格	数量	单位	备注
任务一设备	PLC	S7-200 CPU224 AC/DC/RLY	1	台	
	断路器(带漏电保护)	DZ47-63 C10LE/1P＋N	1	只	
	熔断器	RT18-32/2A	1	套	
	常开按钮	NP2-BA31	1	只	
	常闭按钮	NP2-BA42	1	只	
	指示灯	ND16-22BS/2-220V(红)	4	只	

分类	名称	型号规格	数量	单位	备注
任务二设备	PLC	S7-200 CPU224 AC/DC/RLY	1	台	
	编程电缆	PC/PPI 或 USB/PC/PPI	1	根	
	断路器(带漏电保护)	DZ47-63 C10LE/1P＋N	1	只	
	熔断器	RT18-32/2A	1	套	
	常开按钮	NP2-BA31(绿)及 NP2-BA41(红)	各1	只	
	指示灯	ND16-22BS/2-220V(红)	1	只	
工具及器材	编程电脑	配备相应软件	1	台	工具及器材适用于所有学习任务
	常用电工工具	—	1	套	
	万用表	MF47	1	只	
	端子板	TB-25/12	1	条	
	单相电源插头(带线)	5A	1	根	
	安装板	500mm×600mm×1.5mm 金属网孔板	1	块	
	按钮安装支架(非标)	170mm×170mm×70mm	1	个	
	DIN 导轨	35mm	0.5	m	
	走线槽	TC3540	若干	m	
	导线	BVR 1mm² 黑色	若干	m	
	尼龙绕线管	φ8mm	若干	m	
	螺钉	—	若干	颗	
	号码管、编码笔	—	若干		

任务一　S7-200 系列 PLC 的 I/O 配线

【任务目标】

1. 熟悉 PLC 外部接线。
2. 掌握输入继电器与输入端子之间的关系。
3. 掌握 PLC、负载、供电电源之间的联系。
4. 理解程序在 PLC 控制系统中的作用。

【任务分析】

用两只按钮 SB1（常开）、SB2（常闭）控制 4 只彩灯 HL0～HL3（额定电压 220V）的亮灭。要求在写入控制程序后，按下控制按钮 SB1 时，对应彩灯 HL0 点亮，HL1 熄灭，松开按钮 SB1 时，对应彩灯 HL0 熄灭，HL1 点亮，按下或松开控制按钮 SB2 时，被控彩灯 HL2 及 HL3 点亮与熄灭的情况正好相反。TX 为端子板。I/O 配线硬件布局参见图 1-1。

图 1-1 PLC 的 I/O 配线硬件布局

【相关知识】

一、可编程控制器的基本结构

1. 可编程控制器的一般硬件结构

可编程控制器的一般外部结构（以西门子 S7-200 系列为例）如图 1-2 所示，一般为长方体结构，外部有两排接线端子，按功能可以分为电源输入接线端、输入接线端、输出接线端、传感器电源输出接线端等。

图 1-2 西门子 S7-200 系列可编程控制器的外部结构

可编程控制器内部硬件结构如图1-3所示。其主要元器件有输出继电器、开关变压器及输入输出接线端子等。

(a) 面板   (b) CPU板   (c) 输入输出接口板   (d) 开关电源板

图1-3 西门子S7-200系列可编程控制器的内部硬件结构

PLC内部硬件逻辑结构框图如图1-4所示。

图1-4 PLC内部硬件逻辑结构框图

（1）中央处理单元（CPU）。中央处理单元是可编程控制器的核心，一般采用单片机芯片，它通过地址总线、数据总线、控制总线与存储器、I/O接口相连，其主要作用是执行系统控制程序，从输入接口读取各开关状态，根据梯形图程序进行逻辑处理，并将处理结果输出到输出接口。

（2）存储器。可编程控制器的存储器是用来存储数据或程序的。存储器中的程序包括系统程序和应用程序。梯形图程序属于应用程序。系统程序用来管理和控制系统的运行，解释执行应用程序。系统程序存储在只读存储器ROM中，应用程序一般存放在电可擦除的EE-PROM型存储器中。EEPROM是非易失性的，但是可以用编程器对它编程。新型PLC系列产品中通常采用快闪（FLASH）存储器保存应用程序。

（3）输入、输出接口。输入、输出接口是可编程控制器与外界连接的接口，根据实际工作情况，可选用不同的电路结构。

① 输入接口电路。输入接口用来接收和采集两种类型的输入信号：一类是由按钮、选择开关、行程开关、继电器触点、接近开关、光电开关、数字拨码开关等传来的开关量输入信号；另一类是由电位器、测速发电机和各种变换器等传来的模拟量输入信号。

常用开关量输入单元有直流输入单元及交流输入单元。图1-5及图1-6分别给出了它们的典型电路，图中虚线框中的部分为PLC内部电路，框外为用户接线。直流输入电路外接电源的极性可任意选择，单元中含有 R 及 C 构成的滤波电路。交流输入单元中含有隔直流电容 C，直流及交流输入电路中均采用光耦实现输入信号与机内电路的耦合。

图 1-5　直流输入单元

图 1-6　交流输入单元

② 输出接口电路。输出接口用来连接被控对象中各种执行元件，如接触器、电磁阀、指示灯、调节阀（模拟量）、调速装置（模拟量）等。常用的开关量输出单元可分为晶体管

输出单元、晶闸管输出单元和继电器输出单元。图1-7～图1-9分别给出了它们的电路。图中虚线框中的电路是PLC的内部电路，框外是PLC输出点的驱动负载电路。三种电路的主要区别是采用的输出器件不同，晶体管输出电路中控制器件为晶体管，晶闸管输出电路中控制器件为晶闸管，而继电器输出电路中输出控制器件为继电器。各种输出电路均带有输出指示。

图1-7　晶体管输出电路

图1-8　晶闸管输出电路

图1-9　继电器输出电路

　　PLC的输出电路有共点式、分组式、隔离式之别。输出只有一个公共端子的称为共点式；分组式是将输出端子分成若干组，每组共用一个公共端子；隔离式是各输出点具有单独的端子，点与点之间互相隔离，可各自使用独立的电源。

（4）电源电路。可编程控制器一般都使用220V，50Hz的交流电源。小型整体式可编程控制器内部有一个开关稳压电源，通过它将交流电变换成内部电路所需的直流电，此电源可为CPU板、I/O板及扩展单元提供5V DC，并可为外部输入元件提供24V DC，该电源由"L＋"、"M"两个接线端子引出。

（5）扩展接口。扩展接口用于将扩展单元与基本单元相连，使PLC的配置更加灵活。

（6）通信接口。为了实现"人—机"或"机—机"之间的对话，PLC配有多种通信接口。PLC通过这些通信接口可以与监视器、打印机以及其他的PLC或计算机相连。

当PLC与打印机相连时，可将过程信息、系统参数等输出打印。当与监视器（CRT）相连时，可将过程图像显示出来；当与其他PLC相连时，可以组成多机系统或连成网络，实现更大规模的控制；当与计算机相连时，可以组成多级计算机控制系统，实现控制与管理相结合的综合系统。

（7）智能I/O接口。为了满足更加复杂的控制功能的需要，PLC配有多种智能I/O接口。

（8）控制模板以及对高速脉冲进行计数和处理的高速计数模板等，这类智能模板都有其自身的处理器系统。

（9）编程工具。编程工具供用户进行程序的编制、编辑、调试和监视，最常用的是编程器。编程器有简易型和智能型两类。简易型的编程器只能联机编程，且往往需要将梯形图转化为机器语言助记符（指令表）后才能输入，它一般由简易键盘和发光二极管或其他显示器件组成。智能型的编程器又称图形编程器，它可以联机，也可以脱机编程，具有LCD或CRT图形显示功能，可以直接输入梯形图和通过屏幕对话。

（10）文本显示器单元。图1-10是两款用于S7-200系列PLC的文本显示器（TD）单元，显示器单元是一种价格低廉的人机界面，用于显示文本信息以及应用程序有关的其他数据，通过它能查看、监视和改变应用程序的过程变量。

(a) TD-200

(b) TD-200C

图1-10　文本显示器（TD）单元

PLC厂家为自己的产品设计了计算机辅助编程软件，运行这些软件可以编辑、修改用户程序，监控系统的运行，打印文件，采集和分析数据，在屏幕上显示系统运行状态，对工业现场和系统进行仿真等。若要直接与可编程控制器通信，还要配有相应的通信电缆。

2. 可编程控制器的单元式结构

可编程控制器的结构通常分为单元式和模块式，但近年来有将这两种形式结合起来的趋势。单元式的特点是结构非常紧凑，它将所有的电路都装入一个模块内，构成一个整体。小型可编程控制器的结构吸收了模块式结构的特点，将各种不同点数的可编程控制器及其扩展单元都做成同宽同高不同长度的模块，这样几个模块拼装起来后就成了一个整齐的长方体结构。

由于在一个单元内集中了 CPU 板、输入/输出板、电源板等，对于某一个单元的输入输出就有一定的比例关系。FX_{2N} 系列 PLC 基本单元（亦称 CPU 单元）的输入输出比为 1∶1，如 FX_{2N}-16MR-001 型 PLC 有 8 个输入点，8 个输出点。而欧姆龙 CPM1A 系列 PLC 基本单元的输入输出比为 3∶2。为了达到输入输出点数灵活配置及易于扩展的目的，某一系列的产品通常都由不同点数的基本单元和扩展单元构成，其中的某些扩展单元为全输入或全输出型。

图 1-11 是采用西门子 S7-200 系列 PLC 产品组成的一个实际应用系统，组成系统的各个单元分别是：

① CPU 单元：CPU216-2，含 24 个输入点/16 个输出点；

② 输出扩展单元：EM222，8 个输出点；

③ 输入扩展单元：EM221，8 个输入点；

④ 模拟量扩展模块：EM231，4 路模拟量输入。

图 1-11   S7-200 系列 PLC 实际应用系统

根据具体情况，使用者可灵活选择所需单元模块，构成最为经济合理的控制系统。

3. 可编程控制器的软件

PLC 的软件系统指 PLC 所使用的各种程序的集合。它由系统程序（系统软件）和用户程序（应用软件）组成。

（1）系统程序。系统程序包括监控程序、输入译码程序及诊断程序等。监控程序用于管理、控制整个系统的运行；输入译码程序则把应用程序（梯形图）输入翻译成统一的数据格式，并对输入接口送来的输入量进行各种算术、逻辑运算处理，通过输出接口实现控制；诊断程序用来检查、显示本机的运行状态，方便使用和维修；系统程序由 PLC 生产厂家提供，并固化在 EPROM 中，用户不能直接读写。

（2）用户程序。用户程序是用户根据现场控制的需要，用 PLC 的编程语言（如梯形图）

编制的应用程序，通过编程器将其输入到PLC内存中，用来实现各种控制要求。

二、可编程控制器的工作原理

1. 可编程控制器的等效电路

可编程控制器是一个执行逻辑功能的工业控制装置。为便于理解可编程控制器是怎样完成逻辑控制的，可以用类似于继电器控制的等效电路来描述可编程控制器内部工作情况。图1-12为可编程控制器的等效电路，表1-2是其简要说明。

图 1-12 可编程控制器的等效电路

表 1-2 可编程控制器等效电路的简要说明

序 号	说 明
1	输入接线端子
2	内置输入控制回路直流电源 ①使用内置电源时,通过适当的外部连线,经控制按钮向输入继电器"等效线圈"供电; ②交流输入型及直流工作电源型无内置输入控制电源; ③内置输入回路直流电源一般为 DC24V
3	输入等效继电器驱动线圈 实际输入回路常由光电隔离等回路构成
4	输入等效继电器工作触点 输入信号通过内部输入状态映像寄存器存储后,供程序执行时反复读取,相当于 PLC 内部有无数多个输入继电器常开及常闭触点
5	程序"工作电源" PLC 逐条执行指令时,可理解为由程序"工作电源"通过各内部触点向输出继电器、内部辅助继电器等"线圈"供电
6	输出继电器驱动线圈 该线圈由程序驱动,电气上可理解为由"程序电源"供电,并与 PLC 输入控制回路及输出负载控制回路隔离

续表

序号	说　明
7	输出继电器辅助触点
	由输出线圈驱动,存入输出状态映像区,可供反复读取,相当于有无数多个输出继电器常开及常闭辅助触点
8	输出继电器主触点
	①同一编号的输出继电器主触点只有一个,通过PLC外部配线与工作电源及负载串联;
	②触点类型有晶体管、双向晶闸管、场效应管及继电器多种结构,继电器式最为多见
9	输出继电器接线端子
10	负载工作电源
	①工作电源可有交流、直流多种型式;
	②晶体管式输出电路结构只适用于直流工作电源;
	③继电器式输出电路结构可以在一个PLC的不同输出端子分别同时采用交流及直流几种工作电源

2. PLC的扫描工作方式

图 1-13　可编程控制器
的扫描工作过程

可编程控制器采用循环扫描方式工作。从第一条程序开始,在无中断或跳转控制的情况下,按程序存储的地址号递增的顺序逐条执行程序,即按顺序逐条执行程序,直到程序结束。然后再从头开始扫描,并周而复始地重复进行。

可编程控制器工作时的扫描过程如图1-13所示。它包括5个阶段:内部处理、通信处理、输入扫描、程序执行、输出处理。PLC完成一次扫描过程所需的时间称为扫描周期。扫描周期的长短与用户程序的长度和扫描速度有关。

在内部处理阶段,CPU检查内部各硬件是否正常。在RUN(运行)模式下,还要检查用户程序存储器是否正常,如果发现异常,则停机并显示报警信息。

在通信处理阶段,CPU自动检测各通信接口的状态,处理通信请求,如与编程器交换信息,与微机通信等。在PLC中配置了网络通信模块时,PLC与网络进行数据交换。

当PLC处于STOP(停止)状态时,只完成内部处理和通信服务工作;当PLC处于RUN状态时,除完成内部处理和通信服务的操作外,还要完成输入扫描、程序执行和输出处理。

3. PLC的程序执行过程

当PLC处于正常运行时,它将不断重复图1-13中的扫描过程,不断循环扫描,分析上述扫描过程,如果对远程I/O特殊模块和其他通信服务暂不考虑,则扫描过程就只剩下图1-14所示"输入采样""程序执行""输出刷新"三个阶段了。图中①～⑤表示程序执行的时间顺序。

下面用一个简单的例子来进一步说明PLC的扫描工作过程。图1-15中,启动按钮SB1和停止按钮SB2的常开触点分别接在编号为I0.1和I0.2的输入端,接触器KM的线圈接在

图 1-14　PLC 程序执行过程中的三个阶段

编号为 Q0.0 的输出端。如果热继电器 FR 动作（其常闭触点断开）后需手动复位，可以将 FR 的常闭触点与接触器 KM 的线圈串联，这样可以少用一个 PLC 的输入点。

图 1-15　PLC 外部接线图与梯形图

图 1-15 的梯形图中的 I0.1 与 I0.2 是输入变量，Q0.0 是输出变量，它们都是梯形图中的编程元件。接在输入端子 I0.1 的 SB1 的常开触点和输入过程映像寄存器 I0.1 相对应，Q0.0 与接在输出端子 Q0.0 的 PLC 内的输出电路和输出过程映像寄存器 Q0.0 相对应。

梯形图以指令的形式储存在 PLC 的用户程序存储器中，图 1-15 中的梯形图与下面的 4 条指令相对应，"//"之后是该指令的注释。

LD　　I0.1　　//接在左侧"电源线"上的 I0.1 的常开触点

O　　　Q0.0　　//与 I0.1 的常开触点并联的 Q0.0 的常开触点

AN　　I0.2　　//与并联电路串联的 I0.2 的常闭触点

＝　　　Q0.0　　//Q0.0 的线圈

图 1-15 中的梯形图完成的逻辑运算为：

$$Q0.0 = (I0.1 + Q0.0) \cdot \overline{I0.2}$$

在输入采样阶段，CPU 将 SB1 和 SB2 的常开触点的 ON/OFF 状态读入相应的输入过程映像寄存器，外部触点接通时将二进制数"1"存入寄存器，反之存入"0"。

执行第一条指令时，从输入过程映像寄存器 I0.1 中取出二进制数，并存入堆栈的栈顶，堆栈是存储器中的一片特殊的区域。

执行第二条指令时，从输出过程映像寄存器 Q0.0 中取出二进制数，并与栈顶中的二进制数相"或"（触点的并联对应"或"运算），运算结果存入栈顶。运算结束后只保留运算结果，不保留参与运算的数据。

执行第三条指令时，因为是常闭触点，取出输入过程映像寄存器 I0.2 中的二进制数后将它取反（如果是"0"则变为"1"，如果是"1"则变为"0"），取反后与前面的运算结果相"与"（电路的串联对应"与"运算），然后存入栈顶。

执行第四条指令时，将栈顶中的二进制数送入 Q0.0 的输出过程映像寄存器。

在输出刷新阶段，CPU 将各输出过程映像寄存器中的二进制数传送给输出模块并锁存起来，如果输出过程映像寄存器 Q0.0 中存放的是二进制数"1"，外接的 KM 线圈将通电，反之将断电。

图 1-15 中 I0.1、I0.2 和 Q0.0 的波形中的高电平表示按下按钮或 KM 线圈通电，当 $t<t1$ 时，读入输入过程映像寄存器 I0.1 和 I0.2 的均为二进制数"0"，此时输出过程映像寄存器 Q0.0 中存放的亦为"0"。在程序执行阶段，经过上述逻辑运算过程之后，运算结果仍为 Q0.0＝0，所以 KM 的线圈处于断电状态。在 $t<t1$ 区间，虽然输入、输出信号的状态没有变化，用户程序仍一直反复不断地执行着。$t=t1$ 时，按下启动按钮 SB1，I0.1 变为"1"状态，经逻辑运算后 Q0.0 也变为"1"状态，在输出处理阶段，将 Q0.0 对应的输出过程映像寄存器中的"1"送到输出模块，输出模块中与 Q0.0 对应的物理继电器的常开触点接通，接触器 KM 的线圈通电。

【操作指导】

1．画出接线图，安装电路

根据任务要求，采用 S7-200 CPU224 AC/DC/RLY 型 PLC，其 I/O 接线图如图 1-16 所示。

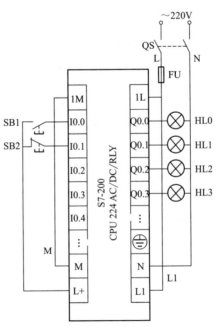

图 1-16　输入输出继电器的 I/O 接线图

输入输出继电器地址分配如表 1-3 所示。

表 1-3　输入输出继电器的地址分配表

编程元件	I/O 端子	电路器件	作　用
输入继电器	I0.0	SB1	常开按钮
	I0.1	SB2	常闭按钮
输出继电器	Q0.0	HL0	输出彩灯
	Q0.1	HL1	输出彩灯
	Q0.2	HL2	输出彩灯
	Q0.3	HL3	输出彩灯

在教师指导下，按图 1-16 完成输入/输出电路的硬件接线。在满足一般电气安装基本要求外，还应注意以下几点。

① 所有导线两端必须安装号码管，其编号除注明外一律采用 PLC 输入/输出端子号。1M 及 M 间的连接线采用"M"进行编号。号码管安装完成后，字头应统一朝左或朝上。

② 输入按钮及输出指示灯按布局图安装在按钮安装支架上，并通过连接电缆与主板接线端子相连。连接电缆应采用尼龙绕线管进行保护。

③ 为保证接线安全可靠，所有电气元件接线端子上，只允许安装最多两根导线，电气接点上导线较多时，可采用串联的方法进行连接。

④ 系统工作电源通过单相电源插头线，接至 TX 后再接入小型断路器 QS 进线端。

2. 自检

检查布线。对照图 1-16 检查是否掉线、错线，是否漏编、错编，接线是否牢固等。

3. PLC 裸机（无程序）上电运行

在 PLC 用户程序存储区清空状态下，合上电源开关 QS，分别松开或按下 SB1、SB2，观察 PLC 上输入、输出指示灯的工作状态及彩灯工作情况，将结果填入空白处。

松开 SB1：输入 I0.0 指示灯＿＿＿，输出指示灯 Q0.0 ＿＿＿，Q0.1 ＿＿＿，彩灯 HL0 ＿＿＿，HL1 ＿＿＿。

按下 SB1：输入 I0.0 指示灯＿＿＿，输出指示灯 Q0.0 ＿＿＿，Q0.1 ＿＿＿，彩灯 HL0 ＿＿＿，HL1 ＿＿＿。

松开 SB2：输入 I0.1 指示灯＿＿＿，输出指示灯 Q0.2 ＿＿＿，Q0.3 ＿＿＿，彩灯 HL2 ＿＿＿，HL3 ＿＿＿。

按下 SB2：输入 I0.1 指示灯＿＿＿，输出指示灯 Q0.2 ＿＿＿，Q0.3 ＿＿＿，彩灯 HL2 ＿＿＿，HL3 ＿＿＿。

4. 编辑控制程序（该步骤由指导教师完成）

在装有 STEP7-Micro/WIN V4.0 SP6 编程软件的个人电脑上编辑 PLC 控制程序，编译后保存为"＊.mwp"文件备用。彩灯控制参考梯形图及指令表程序见图 1-17。

5. 程序下载（该步骤由指导教师完成）

采用编程电脑及 USB/PPI 适配电缆，将图 1-17 所示彩灯控制参考梯形图程序写入 PLC

<table>
<tr><td>网络1　彩灯控制程序</td><td>网络1　彩灯控制</td></tr>
</table>

图 1-17　彩灯控制参考梯形图及指令表程序

（注意：一定要在断开 QS 的情况下插拔适配电缆）。

6. 运行彩灯控制程序

再次接通 QS，分别松开或按下 SB1、SB2，观察 PLC 上输入、输出指示灯的工作状态及彩灯工作情况，将结果填入空白处。

松开 SB1：输入 I0.0 指示灯 ＿＿＿，输出指示灯 Q0.0 ＿＿＿，Q0.1 ＿＿＿，彩灯 HL0 ＿＿＿，HL1 ＿＿＿。

按下 SB1：输入 I0.0 指示灯 ＿＿＿，输出指示灯 Q0.0 ＿＿＿，Q0.1 ＿＿＿，彩灯 HL0 ＿＿＿，HL1 ＿＿＿。

松开 SB2：输入 I0.1 指示灯 ＿＿＿，输出指示灯 Q0.2 ＿＿＿，Q0.3 ＿＿＿，彩灯 HL2 ＿＿＿，HL3 ＿＿＿。

按下 SB2：输入 I0.1 指示灯 ＿＿＿，输出指示灯 Q0.2 ＿＿＿，Q0.3 ＿＿＿，彩灯 HL2 ＿＿＿，HL3 ＿＿＿。

【课后思考】

1. PLC 由哪几部分组成？
2. 输出电路分哪三种形式？
3. 比较学习任务中 PLC 的两种上电运行结果，说明用户程序在控制系统中的作用。

任务二　彩灯亮灭的 PLC 开关控制

【任务目标】

1. 学习并掌握指令表的表示方法。
2. 学习并掌握梯形图的表示方法。
3. 掌握 STEP7-Micro/WIN V4.0 SP6 编程软件的一般应用，学会编辑简单的应用程序并正确下载至 PLC。

【任务分析】

启-保-停电路是电气控制系统中使用最多的基本环节，也是编制 PLC 控制系统应用程序的常用方法。本学习任务控制要求为：分别用两只常开按钮 SB1 及 SB2 控制彩灯 HL 的点亮与熄灭。彩灯亮灭的 PLC 开关控制硬件布局参见图 1-18。

图 1-18　彩灯亮灭的 PLC 开关控制硬件布局

【相关知识】

一、PLC 的编程语言及程序写入方式

1. PLC 的编程语言

不同厂家、不同型号的可编程控制器产品采用的编程语言不尽相同，归纳起来有 5 种（见图 1-19），即：顺序功能图、梯形图、功能块图、指令表及结构文本。

图 1-19　PLC 的编程语言

（1）梯形图（Ladder Diagram，简称 LAD）。梯形图是使用得最多的 PLC 图形编程语言。实际编程时，总是先写出梯形图程序，如果需要，再根据梯形图写出指令表程序。

梯形图有以下几个主要特点。

① 梯形图按自上而下、从左到右的顺序排列。每个继电器线圈为一个逻辑行，即一层

阶梯。每一个逻辑行起于左母线，然后是接点的各种连接，最后终于继电器线圈（有时还加上一条右母线）。整个图形呈阶梯形。

② 梯形图中的各种继电器不是实际中的物理继电器，它实质上是存储器中的一个二进制位。相应位的触发器为"1"的状态时，表示其线圈通电，常开触点闭合，常闭触点断开。梯形图中的继电器线圈除了输出继电器、辅助继电器线圈外，还包括计时器、计数器、移位寄存器以及各种算术运算的结果等。

③ 梯形图中，一般情况下（除有跳转指令和步进指令等的程序段以外），某个编号的继电器线圈只能出现一次，而继电器接点则可无限次引用，既可以是常开接点，也可以是常闭接点。

④ 输入继电器供 PLC 接收外部输入信号，而不能由内部其他继电器的接点驱动。因此，梯形图中只出现输入继电器的接点，而不出现输入继电器的线圈。

⑤ 输出继电器供 PLC 控制输出用。它通过开关量输出模块对应的输出开关（晶体管、双向晶闸管或继电器触点）去驱动外部负载。因此，当梯形图中输出继电器线圈满足接通条件时，就表示在对应的输出点有输出信号。

⑥ PLC 的内部继电器不作输出控制用，接点只能供 PLC 内部使用。

⑦ 程序结束时要有结束标志 END。S7-200 系列 PLC 编程软件在编译时自动生成。

⑧ 当 PLC 处于运行状态时，PLC 就开始按照梯形图符号排列的先后顺序（从上到下，从左到右）逐一处理。

（2）指令表（Instruction List，简称 IL）亦称语句表，类似于计算机汇编语言的形式，它是采用指令的助记符来编程的。PLC 的指令表比汇编语言的语句表通俗易懂，也是一种比较常用的编程语言。

不同的 PLC，指令表使用的助记符不相同，以表 1-4 中所示电机启-保-停控制程序为例，由于采用 S7-200 系列产品，可写出与表中梯形图程序完全对应的指令表格式程序：

```
LD    I0.0   //表示逻辑操作开始，常开接点与母线连接
O     Q0.0   //表示常开接点并联
AN    I0.1   //表示常闭接点串联
AN    I0.2   //表示常闭接点串联
=     Q0.0   //表示输出
```

可见，指令表是由若干条指令组成的程序。指令是程序的最小独立单元。每个操作功能由一条或几条指令组成。PLC 的指令表达形式与微机的指令表达形式类似，它是由操作码和操作数两部分组成，其格式为：

$$操作码 \quad 操作数$$
$$（指令） \quad （数据）$$

操作码用助记符表示，它表明 CPU 要完成的操作功能；操作数表明操作码所操作的对象。操作数一般由标识符和参数组成，但也可以不写。由于 PLC 功能不同，其指令的类型各不相同，因此具体指令的内容在以后各项目中详细介绍。

2. 程序写入方式

以三相异步电动机典型启-保-停控制电路为例，如果只是完成了 PLC 的输入输出配线及电机主回路连接，没有对 PLC 写入相应的控制程序，系统是不能正常工作的。表 1-4

通过工程实际中较为常见的控制系统，展示了 PLC 最小控制系统的组成方案。

表 1-4 PLC 最小系统的软硬件组成方案

系统组成	● 西门子 S7-200 CPU222 AC/DC/Relay 可编程控制器 ● STEP7-Micro/WIN V4.0 SP6 编程软件 ● USB/PPI 适配电缆及驱动程序
硬件电路	
控制程序 （梯形图程序）	
程序写入	 USB/PPI 电缆连接示意图　　　　USB/PPI 电缆外形 编程步骤:①在计算机上安装 STEP7-Micro/WIN V4.0 SP6 编程软件,按表中所示梯形图编辑程序; ②用 USB/PPI 适配电缆连接计算机与西门子 S7-200 CPU224 AC/DC/RLY 型可编程控制器; ③在计算机上安装 USB/PC/PPI 驱动程序; ④接通 PLC 电源,从计算机向 PLC 下载已经编制好的梯形图程序; ⑤切断电源,从 PLC 上拔下连接电缆,编程即完成 当再次接通 PLC 工作电源时,系统即能完成启-保-停电路的控制功能

二、S7-200 系列 PLC 的编程软元件

PLC的编程软元件实质上为存储器单元，每个单元都有唯一的地址。为了方便不同的编程功能需要，存储器单元作了分区，因此也就有了不同类型的编程软元件。

在系统软件的安排下，不同的软元件具有不同的功能。以下介绍 S7-200 系列 PLC 常用编程软元件的功能及使用方法（软元件名称后括号中的字母为软元件分区的标识）。

1. 输入继电器（I）

输入继电器和 PLC 的输入端子相连，是专设的输入过程映像寄存器，用来接收外部传感或开关元件发来的信号，机器读取这些信号时并不影响这些信号的状态。输入继电器一般采取八进制编号，一个端子占用一个点。图 1-20 表示编号为 I0.0 的输入继电器的等效电路图，当外部按钮驱动，其线圈接通，常开、常闭触点的状态发生相应变化。编程时注意输入继电器不能由程序驱动，其触点也不能直接输出带动负载。

图 1-20　输入继电器等效电路

图 1-21　输出继电器等效电路

2. 输出继电器（Q）

输出继电器是 PLC 向外部负载发出控制命令的窗口，是专设的输出过程映像寄存器。以"RLY"输出方式为例，输出继电器提供一个常开型外部输出触点，并接到输出端子上，以控制外部负载。输出继电器的外部输出执行器件有三种：继电器、晶体管和晶闸管。图 1-21 表示编号为 Q0.0 的输出继电器的等效电路，当程序驱动输出继电器 Q0.0 接通时，它所连接的外部电器被接通，同时输出继电器的常开、常闭触点动作，可在程序中使用。

3. 内部标志位（M）

内部标志位也称位存储区。在逻辑运算中经常需要一些存储中间操作信息的元件，它们并不直接驱动外部负载，只起中间状态的暂存作用，类似于继电接触器系统中的中间继电器，在 S7-200 系列 PLC 中称为内部标志位（Marker），多以位（bit）为单位使用。

4. 特殊标志位（SM）

特殊标志位是用户与系统程序之间的界面，为用户提供一些特殊的控制功能及系统信息，用户对操作的一些特殊要求也通过 SM 通知系统。特殊标志位可分为只读区及可读/可写区两大部分，只读区特殊标志位用户只能利用其触点。例如：

SM0.0：RUN 监控，PLC 在 RUN 状态时，SM0.0 总为 ON；

SM0.1：初始化脉冲，PLC 由 STOP 转为 RUN 时，SM0.1 ON 一个扫描周期；

SM0.2：当 RAM 中保存的数据丢失时，SM0.2 ON 一个扫描周期；

SM0.3：PLC 上电进入 RUN 时，SM0.3 ON 一个扫描周期；

SM0.4：分脉冲，占空比为 50%，周期为 1min 的脉冲串；

SM0.5：秒脉冲，占空比为 50%，周期为 1s 的脉冲串；

SM0.6：扫描时钟，一个扫描周期为 ON，下一个扫描周期为 OFF，交替循环；

SM0.7：指示 CPU 上 MODE 开关的位置，0＝TERM，1＝RUN，通常用来在 RUN 状态下启动自由口通信方式。

又如 SMB28 和 SMB29 分别存储 CPU 自带的模拟电位器 0 和 1 的当前值，数值范围为 0～255。用户旋动模拟电位器也就改变了 SMB28/SMB29 的值。在程序中恰当地安排 SMB28/SMB29 可以方便地修改某些设定值。

可读/可写特殊标志位用于特殊控制功能。例如，用于自由口设置的 SMB30，用于定时中断时间设置的 SMB34/SMB35，用于高速计数器设置的 SMB36～SMB65，用于脉冲串输出控制的 SMB66～SMB85，…，其使用详情在各对应功能指令解释时加以说明。

5. 定时器（T）

PLC 中定时器的作用相当于时间继电器。定时器的设定值由程序赋予。每个定时器有一个 16bit 的当前值寄存器及一个状态位，称为 T-bit。定时器的计时过程采用时间脉冲计数的方式，其时基增量（分辨率）分为 1ms、10ms、100ms 三种。

6. 计数器（C）

计数器的结构与定时器基本一样，其设定值在程序中赋予。它有一个 16bit 的当前值寄存器及一个状态位，称为 C-bit。计数器用来对输入端子或内部元件送来的脉冲进行计数，具有加计数器、减计数器及加减计数器三种类型。一般计数器的计数频率受扫描周期的影响，不可以太高。高频信号的计数可以用指定的高速计数器（HSC）。

7. 高速计数器（HSC）

高速计数器用于对频率高于扫描频率的机外高速信号计数，高速计数器使用主机上的专用端子接收这些信号。

8. 变量寄存器（V）

变量存储区具有较大容量的变量寄存器，用于存储程序执行过程中控制逻辑的中间结果，或用来保存与工序或任务相关的其他数据。

9. 累加器（AC）

S7-200 CPU 中提供 4 个 32bit 累加器（ACC0～ACC3）。累加器常用作数据处理的执行器件。

10. 局部存储器（L）

局部存储器和变量存储器很相似，主要区别是变量存储器是全局有效的，而局部存储器是局部有效的。全局是指同一个存储器可以被任何程序存取（包括主程序、子程序及中断子程序）；局部是指存储区和特定的程序相关联。局部存储器可分配给主程序、子程序或中断子程序，但程序段不能访问其他程序段中的局部存储器。局部存储器常用来作为临时数据的存储器或者为子程序传递参数。

11. 状态元件（S）

状态元件是使用顺控继电器指令的重要元件，通常与顺序控制指令 LSCR、SCRT、SCRE 结合使用，实现顺控流程的方法即 SFC（Sequential Function Chart）编程。

12. 模拟量输入（AI）

S7-200 将工业现场连续变化的模拟量（例如温度、压力、电流、电压等）用 A/D 转换器转换为 1 个字长（16 位）的数字量。用区域标识符 AI 以及表示数据长度的代号 W 和起始字节的地址来表示模拟量输入的地址。因为模拟量输入是一个字长，应从偶数字节地址开始存放，例如 AIW2、AIW4、AIW6 等，模拟量输入值为只读数据。

13. 模拟量输出（AQ）

S7-200 将 1 个字长的数字用 D/A 转换器转换为现场控制所需的模拟量。用区域标识符 AQ 以及表示数据长度的代号 W 和字节的起始地址来表示存储模拟量输出的地址。因为模拟量输出是一个字长，应从偶数字节地址开始存放，例如 AQW2、AQW4、AQW6 等，模拟量输出值是只写数据，用户不能读取模拟量输出值。

14. 顺序控制继电器（S）

顺序控制继电器用于组织设备的顺序操作，提供控制程序的逻辑分段。

15. 数值的表示方法

（1）数据类型及范围。S7-200 系列 PLC 在存储单元所存放的数据类型有布尔型（BOOL）、整数型（INT）和实数型（REAL）3 种。表 1-5 给出了不同长度数值所能表示的整数范围。

表 1-5　不同长度数值及相关整数范围

数据长度	无符号整数		符号整数	
	十进制	十六进制	十进制	十六进制
B(字节)8 位值	0～255	0～FF	−128～127	80～7F
W(字)16 位值	0～65535	0～FFFF	−32768～32767	8000～7FFF
DW(双字)32 位值	0～4294967295	0～FFFFFFFF	−2147483648～2147843647	80000000～7FFFFFFF

布尔型数据指字节型无符号整数。常用的整数型数据包括单字长（16 位）符号整数和双字长（32 位）符号整数两类。实数型数据（浮点数）采用 32 位单精度数表示，数据范围是：

正数：$+1.175495E-38～+3.402823E+38$；

负数：$-1.175495E-38～-3.402823E+38$。

（2）常数。在 S7-200 的许多指令中使用常数，常数值的长度可以是字节、字或双字。CPU

以二进制方式存储常数。可以采用十进制、十六进制、ASCII 码或浮点数形式书写常数，例：

十进制常数： 30047

十六进制常数： $(4E5)_{16}$

ASCII 码常数： "show"

实数或浮点数格式：$+1.175495E\text{-}38$（正数）

$-1.175495E\text{-}38$（负数）

二进制格式： $(1010\ 0101)_2$

S7-200 系列 PLC 编程软元件的具体配置如表 1-6 所示。

表 1-6 S7-200 系列 PLC 编程软元件配置一览表

类 型			CPU221	CPU222	CPU224	CPU224XP	CPU226
带运行模式下编辑			4096 字节	4096 字节	8192 字节	12288 字节	16384 字节
不带运行模式下编辑			4096 字节	4096 字节	12288 字节	16384 字节	24576 字节
用户数据大小			2048 字节	2048 字节	8192 字节	10240 字节	10240 字节
输入映像存储器			I0.0-I15.7	I0.0-I15.7	I0.0-I15.7	I0.0-I15.7	I0.0-I15.7
输出映像寄存器			Q0.0-Q15.7	Q0.0-Q15.7	Q0.0-Q15.7	Q0.0-Q15.7	Q0.0-Q15.7
模拟量输入（只读）			AIW0-AIW30	AIW0-AIW30	AIW0-AIW62	AIW0-AIW62	AIW0-AIW62
模拟量输出（只写）			AQW0-AQW30	AQW0-AQW30	AQW0-AQW62	AQW0-AQW62	AQW0-AQW62
变量存储器（V）			VB0-VB2047	VB0-VB2047	VB0-VB8191	VB0-VB10239	VB0-VB10239
局部存储器（L）			LB0-LB63	LB0-LB63	LB0-LB63	LB0-LB63	LB0-LB63
位存储器（M）			M0.0-M31.7	M0.0-M31.7	M0.0-M31.7	M0.0-M31.7	M0.0-M31.7
特殊存储器（SM） 只读			SM0.0-SM179.7 SM0.0-SM29.7	SM0.0-SM299.7 SM0.0-SM29.7	SM0.0-SM549.7 SM0.0-SM29.7	SM0.0-SM549.7 SM0.0-SM29.7	SM0.0-SM549.7 SM0.0-SM29.7
定时器			256（T0-T255）	256（T0-T255）	256（T0-T255）	256（T0-T255）	256（T0-T255）
有记忆接通延迟	1ms		T0，T64	T0，T64	T0，T64	T0，T64	T0，T64
	10ms		T1-T4， T65-T68	T1-T4， T65-T68	T1-T4， T65-T68	T1-T4， T65-T68	T1-T4， T65-T68
	100ms		T5-T31 T69-T95	T5-T31， T69-T95	T5-T31， T69-T95	T5-T31， T69-T95	T5-T31， T69-T95
接通/关断延迟	1ms		T32，T96	T32，T96	T32，T96	T32，T96	T32，T96
	10ms		T33-T36， T97-T100	T33-T36， T97-T100	T33-T36， T97-T100	T33-T36， T97-T100	T33-T36， T97-T100
	100ms		T37-T63， T101-T255	T37-T63， T101-T255	T37-T63， T101-T255	T37-T63， T101-T255	T37-T63， T101-T255
计数器			C0-C255	C0-C255	C0-C255	C0-C255	C0-C255
高速计数器			HC0-HC5	HC0-HC5	HC0-HC5	HC0-HC5	HC0-HC5
顺序控制继电器（S）			S0.0-S31.7	S0.0-S31.7	S0.0-S31.7	S0.0-S31.7	S0.0-S31.7
累加寄存器			AC0-AC3	AC0-AC3	AC0-AC3	AC0-AC3	AC0-AC3
跳转/标号			0-255	0-255	0-255	0-255	0-255
调用/子程序			0-63	0-63	0-63	0-63	0-127
中断程序			0-127	0-127	0-127	0-127	0-127
正/负跳变			256	256	256	256	256
PID 回路			0-7	0-7	0-7	0-7	0-7
端口			端口 0	端口 0	端口 0	端口 0,1	端口 0,1

三、S7-200 寻址方式

S7-200 将信息存于不同的存储单元，每个单元都有 1 个唯一的地址，系统允许用户以字节、字、双字为单位存、取信息。S7-200 数据寻址方式有立即数寻址、直接寻址和间接寻址三大类。立即数寻址的数据在指令中以常数形式出现，直接寻址和间接寻址方式有位、字节、字和双字 4 种寻址方式，下面对直接寻址和间接寻址方式加以说明。

1. 直接寻址方式

直接寻址方式是指在指令中直接使用存储器或寄存器的元件名称和地址编号，直接查找数据。直接寻址在指令中明确指出了存取数据的存储器地址，允许用户程序直接存取信息，图 1-22 所示为数据直接地址格式。

图 1-22　数据直接地址格式

数据的直接地址包括内存区域标志符、数据大小及该字节的地址或字、双字的起始地址，以及位分隔符和位地址。

8 个连续的位组成一个字节（Byte），16 个连续的位组成一个字（Word），两个连续的字组成一个双字（Double Word）。作为工业控制计算机，PLC 处理的数据可以是二进制数中的一位，也可以是一个字节、两个字节或多个字节的各种数制的数字，这样就有了依数据长度不同引出的寻址方式。

图 1-23　字节.位寻址

（1）位寻址（bit）。位寻址也叫字节.位寻址，一个字节占有 8 个位。图 1-23 所示为字节.位寻址的例子，I7.4 在输入存储区中的位置由黑色区域表示，输入存储区"I"是整个存储器的一个区域。在进行字节.位寻址时，一般将该位看作是一个独立的软元件，像一个继电器一样，认为它有线圈及常开、常闭触点，且当该位置 1，即线圈"得电"时，常开触点接通，常闭触点断开。由于取用这类元件的触点只不过是访问该位的"状态"，可以认为这些软元件的触点有无数多对。字节.位寻址一般用于处理"开关量"或"逻辑量"。

（2）字节寻址（8bit）。字节寻址以存储区标识符、字节标识符、字节地址组合而成，如图 1-24 中的 VB100。

图 1-24　对同一地址进行字节、字和双字寻址的比较

（3）字寻址（16bit）。字寻址以存储区标识符、字标识符及字节地址组合而成，如图 1-24 中的 VW100。

（4）双字寻址（32bit）　双字寻址以存储区标识符、双字标识符、字节地址组合而成，如图 1-24 中的 VD100。

为了使用方便及使数据与存储单元长度统一，S7-200 系列 PLC 中，一般存储单元都具有字节.位寻址、字节寻址、字寻址及双字寻址四种寻址方式，但在不同的寻址方式选用了同一字节地址作为起始地址时，其所表示的地址空间是不同的。图 1-24 给出了 VB100、VW100、VD100 三种寻址方式所对应的三个存储单元所占的实际存储空间，这里要注意的是，"VB100" 是最高有效字节，而且存储单元不可重复使用。

一些存储数据专用的存储单元不支持位寻址方式，主要有模拟量输入、模拟量输出存储器、累加器、定时器、计数器的当前值存储器等。还有一些存储器的寻址方式与数据长度不方便统一，如累加器不论采用字节、字或双字寻址，都要占用全部 32 位存储单元。与累加器相反，模拟量输入、输出单元为字节标号，但由于模拟量规定为 16 位，模拟量单元寻址时均以偶数标志。

此外，定时器、计数器具有当前值存储器及位存储器二类存储器，但属于同一个器件的存储器采用同一标号寻址。

表 1-7 给出了 S7-200 各种 CPU 存储空间的有效寻址范围。

表 1-7　S7-200 各种 CPU 存储空间的有效寻址范围

存取方式		CPU221	CPU222	CPU224	CPU224XP	CPU226
位存取（字节.位）	I	0.0-15.7	0.0-15.7	0.0-15.7	0.0-15.7	0.0-15.7
	Q	0.0-15.7	0.0-15.7	0.0-15.7	0.0-15.7	0.0-15.7
	V	0.0-2047.7	0.0-2047.7	0.0-8191.7	0.0-10239.7	0.0-10239.7
	M	0.0-31.7	0.0-31.7	0.0-31.7	0.0-31.7	0.0-31.7
	SM	0.0-165.7	0.0-299.7	0.0-549.7	0.0-549.7	0.0-549.7
	S	0.0-31.7	0.0-31.7	0.0-31.7	0.0-31.7	0.0-31.7
	T	0-255	0-255	0-255	0-255	0-255
	C	0-255	0-255	0-255	0-255	0-255
	L	0.0-63.7	0.0-63.7	0.0-63.7	0.0-63.7	0.0-63.7

续表

存取方式		CPU221	CPU222	CPU224	CPU224XP	CPU226
字节存取	IB	0-15	0-15	0-15	0-15	0-15
	QB	0-15	0-15	0-15	0-15	0-15
	VB	0-2047	0-2047	0-8191	0-10239	0-10239
	MB	0-31	0-31	0-31	0-31	0-31
	SMB	0-165	0-299	0-549	0-549	0-549
	SB	0-31	0-31	0-31	0-31	0-31
	LB	0-63	0-63	0-63	0-63	0-63
	AC	0-3	0-3	0-3	0-255	0-255
	KB（常数）	KB（常数）	KB（常数）	KB（常数）	KB（常数）	KB（常数）
字存取	IW	0-14	0-14	0-14	0-14	0-14
	QW	0-14	0-14	0-14	0-14	0-14
	VW	0-2046	0-2046	0-8190	0-10238	0-10238
	MW	0-30	0-30	0-30	0-30	0-30
	SMW	0-164	0-298	0-548	0-548	0-548
	SW	0-30	0-30	0-30	0-30	0-30
	T	0-255	0-255	0-255	0-255	0-255
	C	0-255	0-255	0-255	0-255	0-255
	LW	0-62	0-62	0-62	0-62	0-62
	AC	0-3	0-3	0-3	0-3	0-3
	AIW	0-30	0-30	0-62	0-62	0-62
	AQW	0-30	0-30	0-62	0-62	0-62
	KB（常数）	KB（常数）	KB（常数）	KB（常数）	KB（常数）	KB（常数）
双字存取	ID	0-12	0-12	0-12	0-12	0-12
	QD	0-12	0-12	0-12	0-12	0-12
	VD	0-2044	0-2044	0-8188	0-10236	0-10236
	MD	0-28	0-28	0-28	0-28	0-28
	SMD	0-162	0-296	0-546	0-546	0-546
	SD	0-28	0-28	0-28	0-28	0-28
	LD	0-60	0-60	0-60	0-60	0-60
	AC	0-3	0-3	0-3	0-3	0-3
	HC	0-5	0-5	0-5	0-5	0-5
	KD（常数）	KD（常数）	KD（常数）	KD（常数）	KD（常数）	KD（常数）

2．间接寻址

存储单元中存放的也可以是一个地址，称为间接寻址。间接寻址指用指针来访问存储区数据。指针以双字的形式存储其他存储区的地址，只能用 V 存储器、L 存储器或者累加器寄存器（AC1、AC2、AC3）作为指针。要建立一个指针，必须以双字的形式，将需要间接寻址的存储器地址移动到指针中。指针也可作为参数传递到子程序中。

S7-200 允许指针访问以下存储区：I、Q、V、M、S、AI、AQ、SM、T（仅限于当前值）和 C（仅限于当前值）。不能用间接寻址的方式访问位地址，也不能访问 HC 或者 L 存储区。

图 1-25 给出了一个使用指针的例子。要使用间接寻址，应该用"&"符号加上要访问的存储区地址来建立一个指针。指令"MOVD &VB200，AC1"中操作数 VB200 以"&"符号开头表明是将存储区的地址而不是其内容移动到指令的输出操作数 AC1 中。当指令的

操作数是指针时，应该在操作数前面加上"＊"号，指令"MOVW ＊ AC1，AC0"中"＊AC1"指定AC1是一个指针，MOVW指令决定了指针指向的是一个字长（16bit）的数据。在本例中，存储在VB200和VB201中的数值被移动到累加器AC0中。

图1-25　使用指针间接寻址

【操作指导】

1. 画出接线图，安装电路

根据任务要求，采用S7-200 CPU224 AC/DC/RLY型PLC，彩灯的PLC开关控制I/O接线如图1-26所示。

图1-26　彩灯的PLC开关控制I/O接线图

输入输出继电器地址分配如表1-8所示。

表1-8　输入输出继电器的地址分配表

编程元件	I/O端子	电路器件	作　用
输入继电器	I0.0	SB1	开灯按钮
	I0.1	SB2	关灯按钮
输出继电器	Q0.0	HL	输出彩灯

在教师指导下，按图1-26所示彩灯的PLC开关控制接线图完成输入/输出电路的硬件接线。安装要求同任务一。

2. 自检

检查布线。对照图 1-26 检查是否掉线、错线，是否漏编、错编，接线是否牢固等。

3. 编辑控制程序

在装有 STEP7-Micro/WIN V4.0 SP6 编程软件的个人电脑上编辑 PLC 控制程序，编译后保存为"∗.mwp"格式文件备用。彩灯的 PLC 开关控制参考梯形图及指令表程序见图 1-27。

图 1-27　彩灯 PLC 开关控制参考梯形图及指令表程序

4. 程序下载

① 在 PLC 断电状态下，用 USB/PPI 电缆连接电脑与 S7-200 CPU224 AC/DC/RLY 型 PLC。

② 合上控制电源开关 QS，将运行模式选择开关拨到 STOP 位置，通过软件将编制好的控制程序下载到 PLC。

注意：一定要在断开 QS 的情况下插拔适配电缆，否则极易损坏 PLC 通信接口。

5. 运行彩灯开关控制程序

① 将运行模式选择开关拨到 RUN 位置，使 PLC 进入运行方式。

② 按下开灯按钮 SB1，观察彩灯是否立即点亮。

③ 按下关灯按钮 SB2，观察彩灯是否立即熄灭。

④ 再次按下开灯按钮 SB1，如果彩灯能够重新点亮，按下关灯按钮 SB2，彩灯再次熄灭，表明程序运行正常。

【课后思考】

1. 说明特殊标志位的功能并举例应用。

2. S7-200 系列 PLC 有哪几种寻址方式？分别绘出 I1.2、VB200、VW302、VD500 所代表的存储区结构图。

3. S7-200 系列 PLC 的编程元件有输入触点 I、输出继电器 Q、内部标志位 M、特殊标志位 SM、定时器 T、计数器 C、累加器 AC、模拟量输入 AI、模拟量输出 AQ、顺序控制继电器 S、变量存储区 V 和局部存储区 L 等，上述编程元件中有哪些不能用于位（bit）寻址方式？

考核评价

考核评价见表1-9。

表1-9 质量评价表

考核项目	考核要求	配分	评分标准	（按任务）评分	
				一	二
元器件安装	1. 合理布置元件； 2. 会正确固定元件	10	1. 元件布置不合理每处扣3分； 2. 元件安装不牢固每处扣5分； 3. 损坏元件每处扣5分		
线路安装	1. 根据控制任务做I/O分配； 2. 画出PLC控制I/O连接图； 3. 按图施工； 4. 布线合理、接线美观； 5. 布线规范、无线头松动、压皮、露铜及损伤绝缘层	40	1. I/O点分配不全或不正确每处扣2分； 2. 接线图表达不正确每处扣2分； 3. 接线不正确扣30分； 4. 布线不合理、不美观每根扣3分； 5. 走线不横平竖直每根扣3分； 6. 线头松动、压皮、露铜及损伤绝缘层每处扣5分		
编程下载	1. 正确画出功能图并转换成梯形图； 2. 正确输入梯形图或指令表； 3. 会转换梯形图； 4. 正确保存文件； 5. 会传送程序	30	1. 不能设计程序或设计错误扣6分； 2. 输入梯形图或指令表错误每处扣2分； 3. 转换梯形图错误扣4分； 4. 保存文件错误扣4分； 5. 传送程序错误扣4分		
通电试车	按照要求和步骤正确检查、调试电路	20	通电调试不成功，每次扣5分		
安全生产	自觉遵守安全文明生产规程		发生安全事故，0分处理		
时间	4h		1. 提前正确完成，每10分钟加5分； 2. 超过定额时间，每5分钟扣2分		
综合成绩（此栏由指导教师填写）					

习 题

1. PLC的常用编程语言及编程工具有哪些？

2. 思考下列问题，将正确的答案填入空白处。

（1）可编程控制器的内部有很多等效继电器，但只有输入继电器和输出继电器是可以与外围设备进行连接的，其中_____继电器的驱动线圈有外部接线端子，_____继电器的动合触点有外部接线端子。

（2）PLC的主要编程设备有_____。

（3）PLC的输出接口电路一般有_____输出方式、_____输出方式和_____三种输出方式。

3. 简述PLC型号中"AC/DC/RLY"的含义。

4. 八进制数和十六进制数只是二进制数的两种较为方便的写法。但二进制数和BCD数是两个不同的概念。一个多位十进制数的BCD数和二进制数是不一样的，例十进数96的

BCD数和二制数分别写成：

　　十进制数　　　　96

　　BCD数　　　10010110

　　二进制数　　　01100000

　　在PLC的很多指令中，既有对二进制数的运算处理，也有对BCD数的运算处理，并且有二进制数和BCD数的相互转换指令，使用时应予以区分。

　　（1）十进制数37在不同数制中应分别写成：

　　二进制数＿＿＿＿＿＿＿＿＿＿＿＿

　　八进制数＿＿＿＿＿＿＿＿＿＿＿＿

　　十六进制数＿＿＿＿＿＿＿＿＿＿

　　BCD数＿＿＿＿＿＿＿＿＿＿＿＿

　　（2）二进制数01101100在不同数制中应分别写成：

　　十进制数＿＿＿＿＿＿＿＿＿＿＿＿

　　八进制数＿＿＿＿＿＿＿＿＿＿＿＿

　　十六进制数＿＿＿＿＿＿＿＿＿＿

　　BCD数＿＿＿＿＿＿＿＿＿＿＿＿

S7-200系列PLC基本逻辑指令及应用

【项目描述】

虽然不同公司、不同型号的PLC产品都有其相应的指令系统，但它们的指令结构及编程规是极为相似的。本书仅对S7-200系列PLC的指令系统进行讨论。本项目将详细叙述S7-200系列PLC的基本逻辑指令，并结合编程案例、课堂演示、技能训练等环节，使读者掌握PLC的基本编程方法和应用。

本项目实施前，应向学生介绍西门子公司官方网站，学会下载S7-200系列PLC编程手册及编程软件等，全面了解PLC技术支持环境。所有学习任务应顺序进行，建议完成时间为20学时，其中每个任务相关知识讲授4学时，分组操作训练3.5学时，教师集中点评0.5学时。

【工具设备】

表2-1列出了学习所需的全部工具、设备。根据所选学习任务的不同，各小组领用器材略有区别。

表2-1　工具、设备清单

分类	名称	型号规格	数量	单位	备注
任务一设备	PLC	S7-200 CPU224 AC/DC/RLY	1	台	
	编程电缆	PC/PPI 或 USB/PC/PPI	1	根	
	断路器(带漏电保护)	DZ47-63 C10LE/1P+N	1	只	
	熔断器	RT18-32/2A	1	套	
	常开按钮	NP2-BA31	4	只	
		NP2-BA41	1	只	
	指示灯	ND16-22BS/2-220V(红)	4	只	
任务二设备	PLC	S7-200 CPU224 AC/DC/RLY	1	台	
	编程电缆	PC/PPI 或 USB/PC/PPI	1	根	
	断路器(带漏电保护)	DZ47-63 C10LE/1P+N	1	只	
	熔断器	RT18-32/2A	1	套	
	输出指示灯	ND16-22BS/2-220V(红)	1	只	
	按钮盒	BX1	1	只	

分类	名称	型号规格	数量	单位	备注
任务三设备	PLC	S7-200 CPU224 AC/DC/RLY	1	台	
	编程电缆	PC/PPI 或 USB/PC/PPI	1	根	
	断路器(带漏电保护)	DZ47-63 C10LE/1P＋N	1	只	
	熔断器	RT18-32/2A	1	套	
	转换开关	NP2-BD21	1	只	
	常开按钮	NP2-BA31	1	只	
	节能灯	3W/220V 螺口	1	只	
	螺口灯座	吸顶安装式	1	只	
工具及器材	编程电脑	配备相应软件	1	台	工具及辅材适用于所有学习任务
	常用电工工具	—	1	套	
	万用表	MF47	1	只	
	端子板	TB-25/12	1	条	
	单相电源插头(带线)	5A	1	根	
	安装板	500mm×600mm×1.5mm 金属网孔板	1	块	
	按钮安装支架(非标)	170mm×170mm×70mm	1	个	
	DIN 导轨	35mm	0.5	m	
	走线槽	TC4035	若干	m	
	导线	BVR 1mm² 黑色	若干	m	
	尼龙绕线管	ϕ8mm	若干	m	
	螺钉	—	若干	颗	
	号码管、编码笔	—	若干	支	

任务一　抢答器控制

【任务目标】

1. 学习 S7-200 系列 PLC 的位逻辑指令。

2. 掌握使用位逻辑指令进行编程的基本方法。

3. 掌握 S7-200 系列 PLC 输出继电器分组形式及配线方法。

【任务分析】

在各种知识竞赛中，经常用到抢答器。现有四人抢答器，通过 CPU224 型 PLC 来实现控制。其硬件组成及布局如图 2-1 所示。4 个抢答器按钮 SB1～SB4 分别与 PLC 的 4 个输入端子 I0.1～I0.4 相连，与之对应的 4 路输出指示灯 HL1～HL4 则分别与 PLC 的 4 个输出端子 Q0.1～Q0.4 相连。控制要求：只有最早按下抢答按钮的参赛方，才能点亮其序号相同的输出指示灯。后续者无论是否按下抢答按钮，均不会有输出。当组织人按下复位按钮 SB0 后，输入端 I0.0 接通，抢答器复位，从而进入下一轮竞赛。

图 2-1　抢答器硬件安装布局图

【相关知识】

梯形图指令与语句表指令是可编程控制器程序最常用的两种表述工具，它们之间有着密切的对应关系。逻辑控制指令是 PLC 中最基本最常见的指令，是构成梯形图及语句表的基本成分。

基本逻辑控制指令一般指位逻辑指令、定时器指令及计数器指令。位逻辑指令又含触点指令、线圈指令、逻辑堆栈指令、RS 触发器指令等。有关逻辑堆栈指令的相关内容将在后续项目中学习。这些指令处理的对象大多为位逻辑量，主要用于逻辑控制类程序中。

1. 编程相关问题

（1）PLC I/O 端点的分配方法。每一个传感器或开关输入对应一个 PLC 确定的输入点，每一个负载对应一个 PLC 确定的输出点。外部按钮（包括启动和停车）一般用动合触点。

（2）输出继电器的使用方法。PLC 在写输出阶段要将输出映像寄存器的内容送至输出点 Q，采用继电器输出方式时，PLC 的继电器触点要动作，所以输出端不带负载时，控制线圈应使用内部继电器 M 或其他，尽可能不要使用输出继电器 Q 的线圈。

（3）梯形图程序绘制方法。梯形图程序是利用 STEP7 编程软件在梯形图区按照自左而右、自上而下的原则绘制的。为提高 PLC 运行速度，触点的并联网络多连在左侧母线，线圈位于最右侧。

（4）梯形图网络段结构。梯形图网络段的结构是软件系统为程序注释和编译附加的，双击网络题目区，可以在弹出的对话框中填写程序段注释。网络段结构不增加程序长度，并且软件的编译结果可以明确指出程序错误语句所在的网络段。清晰的网络结构有利于程序的调试。正确地使用网络段有利于程序的结构化设计，使程序简明易懂。

2. 触点及线圈指令

触点及线圈是梯形图最基本的元素，从元件角度出发，触点及线圈是元件的组成部分，线圈得电则该元件的常开触点闭合，常闭触点断开；反之，线圈失电则常开触点恢复断开，常闭触点恢复接通。从梯形图的结构而言，触点是线圈的工作条件，线圈的动作是触点运算的结果。触点指令含标准触点指令、立即触点指令、取反指令及正、负跳变指令，由于触点分常开及常闭两种类型，以上提及的指令又可分为针对常开触点和针对常闭触点的。

立即触点指令是针对快速输入需要而设立的。立即触点指令的操作数是输入口。立即触点可以不受扫描周期的影响，即时地反映输入状态的变化。

取反指令（NOT）改变能流输入的状态，当到达取反指令的能流为 1 时，经过取反指令后能流则为 0；当到达取反指令的能流为 0 时，经过取反指令后能流则为 1。

正跳变指令（EU）可用来检测由 0 到 1 的正跳变，负跳变指令（ED）可用来检测由 1 到 0 的负跳变，正、负跳变允许能流通过一个扫描周期。

（1）触点指令。表 2-2 列出了触点指令的类型、梯形图符号及使用说明。

表 2-2　触点指令

指令格式			梯形图符号	数据类型	操作数	指令名称及功能
标准触点	常开	LD	—	位：BOOL	I、Q、V、M、SM、S、T、C、L、能流	装载指令：常开触点与左侧母线相连接
		A	—			与指令：常开触点与其他程序段相串联
		O	—			或指令：常开触点与其他程序段相并联
	常闭	LDN	—			装载指令：常闭触点与左侧母线相连接
		AN	—			与指令：常闭触点与其他程序段相串联
		ON	—			或指令：常闭触点与其他程序段相并联
立即触点	常开	LDI	—		I	装载指令：常开立即触点与左侧母线相连接
		AI	—			与指令：常开立即触点与其他程序段相串联
		OI	—			或指令：常开立即触点与其他程序段相并联
	常闭	LDNI	—			装载指令：常闭立即触点与左侧母线相连接
		ANI	—			与指令：常闭立即触点与其他程序段相串联
		ONI	—			或指令：常闭立即触点与其他程序段相并联
取反		NOT	—NOT—		无	取反指令：改变能流输入的状态
正负跳变	正	EU	—P—		无	正跳变指令：检测到一次正跳变，能流接通一个扫描周期
	负	ED	—N—		无	负跳变指令：检测到一次负跳变，能流接通一个扫描周期

触点指令运用示例参见表 2-3。

表 2-3　触点指令运用示例

梯形图(LAD)	指令表(STL)

	网络 1　//要想激活 Q0.0,常开触点 I0.0 和 I0.1 必须为接通(闭合)。
	　　　　//NOT 指令作为一个反向器使用。
	　　　　//在 RUN 模式下,Q0.0 和 Q0.1 具有相反的逻辑状态。
	LD　I0.0
	A　　I0.1
	=　　Q0.0
	NOT
	=　　Q0.1
	网络 2　//要想激活 Q0.2,常开触点 I0.2 必须为 on 或者常闭触点 I0.3 必
	　　　　//须为 off。
	　　　　//要想激活输出,梯形图并行分支(或逻辑输入)中应该有一个或多
	　　　　//个逻辑值为"1"。
	LD　I0.2
	ON　I0.3
	=　　Q0.2
	网络 3　//在 P 触点的一个上升沿或者在 N 触点的一个下降沿出现时,一
	　　　　//个扫描周期内输出一个脉冲。
	　　　　//在 RUN 模式,Q0.4 和 Q0.5 的脉冲状态变化太快(仅维持一个
	　　　　//扫描周期),以至于在程序调试时,无法用状态图监视。
	　　　　//置位和复位指令将 Q0.3 的状态变化锁存,即 P 触点的上升沿
	　　　　//脉冲使 Q0.3 置1,该状态一直保持到 N 触点的下降沿到来之
	　　　　//前,使程序可以监视。
	LD　I0.4
	LPS
	EU
	S　　Q0.3,1
	=　　Q0.4
	LPP
	ED
	R　　Q0.3,1
	=　　Q0.5

（2）线圈指令。线圈指令含线圈输出指令、立即输出指令及置位复位、立即置位复位指令等，见表2-4。线圈输出指令与置位指令的区别在于线圈的工作条件满足时，线圈有输出，条件失去时，输出停止。而置位指令具有保持功能，在某扫描周期中置位发生后，不经复位指令处理，输出将保持不变。如表2-3中Q0.3。

表2-4 线圈指令

指令名称及格式		梯形图符号	数据类型	操作数	指令功能
输出	=	─(bit)	位：BOOL	I、Q、V、M、SM、S、T、C、L	将运算结果输出到某个继电器
立即输出	=I	─(bit I)	位：BOOL	Q	立即将运算结果输出到某个继电器
置位与复位	S	─(bit S N)	位：BOOL N：BYTE	位：I、Q、V、M、SM、S、T、C、L N：IB、QB、VB、SMB、SB、LB、AC、*VD、*LD、*AC、常数	将从指定地址开始的N个点置位
	R	─(bit R N)	位：BOOL N：BYTE	位：I、Q、V、M、SM、S、T、C、L N：IB、QB、VB、SMB、SB、LB、AC、*VD、*LD、*AC、常数	将从指定地址开始的N个点复位
立即置位与立即复位	SI	─(bit SI N)	位：BOOL N：BYTE	位：I、Q、V、M、SM、S、T、C、L N：IB、QB、VB、SMB、SB、LB、AC、*VD、*LD、*AC、常数	立即将从指定地址开始的N个点置位
	RI	─(bit RI N)	位：BOOL N：BYTE	位：I、Q、V、M、SM、S、T、C、L N：IB、QB、VB、SMB、SB、LB、AC、*VD、*LD、*AC、常数	立即将从指定地址开始的N个点复位

立即置位及立即复位是针对输出继电器的，可不受扫描周期的影响，将输出继电器立即置位或复位。

线圈指令运用示例参见表2-5。

3. 块"与"及块"或"操作指令

较复杂的梯形图逻辑电路图，绘制虽然非常简单，但触点的串、并联关系不能全部用简单的与、或、非逻辑关系描述。语句表指令系统中设计了电路块的"与"操作和电路块的"或"操作指令。

电路块是指以LD为起始的触点串、并联网络。下面对这类指令加以说明。

（1）块"与"指令ALD。将多触点电路块（一般是并联电路块）与前面的电路块串联，它不带元件号。ALD指令相当于两个电路块之间的串联连线，该点也可以视为它右边的电路块的LD点。需要串联的电路块的起始触点使用LD、LDN、LDI或LDNI指令，完成了两个电路块的内部连接后，用ALD指令将它前面已经连接好的两块电路串联。如表2-6网络1中，I0.0与I0.3是一个并联电路块，I0.1与I0.2是另一个并联电路块，指令表中通过"ALD"将二者串联起来。

（2）块"或"指令OLD。将多触点电路块（一般是串联电路块）与前面的电路块并联，它不带元件号。OLD指令相当于电路块之间右侧的一段垂直连线。需要并联的电路块的起始触点使用LD、LDN、LDI或LDNI指令，完成了电路块的内部连接后，用OLD指令将它前面已经连接好的两块电路并联。如表2-6网络2中，Q0.0与I0.4是一个串联电路块，M10.0与I0.7是另一个串联电路块，指令表中通过"OLD"将二者并联起来。

表 2-5　线圈指令运用示例

梯形图（LAD）	指令表（STL）

网络1　//输出指令为外部 I/O（I、Q）和内部存储
　　　　//器（M、SM、T、C、V、S、L）指定位值。
LD　　I0.0
=　　　Q0.0
=　　　Q0.1
=　　　V0.0
网络2　//连续将一组共 6 位置为 1。
　　　　//即 Q0.2、Q0.3、Q0.4、Q0.5、Q0.6、Q0.7 全部置1。
　　　　//Q0.2指定起始地址，"6"指定置位的个数。
LD　　I0.1
S　　　Q0.2,6
网络3　//连续将一组共 6 位置为 0。
　　　　//Q0.2 指定起始地址，"6"指定复位的个数。
LD　　I0.2
R　　　Q0.2,6
网络4　//置位和复位一组 8 个输出位（Q1.0～Q1.7）。
LD　　I0.3
LPS
A　　　I0.4
S　　　Q1.0,8
LPP
A　　　I0.5
R　　　Q1.0,8
网络5　//置位和复位指令实现锁存器功能。
　　　　//完成置位/复位功能，必须确保这些位没有在其他指令中被改写。
　　　　//在本例中，网络 4 置位和复位一组 8 个输出位（Q1.0～Q1.7）。
　　　　//在 RUN 模式下网络 5 会覆盖 Q1.0 的值，详见时序图。
　　　　//
LD　　I0.6
=　　　Q1.0

时序图

网络2的置位之后，再执行网络3的复位。
因此，Q0.2～Q0.7输出为0。

网络5中的输出位(=)指令会覆盖网络4中置位/复位的第一个位(Q1.0)，
因为网络5在程序扫描周期的最后执行，所以Q1.0～Q1.7被复位指令(R)置0后，
Q1.0仍然可在I0.6为1时输出为1

表 2-6 是块"与"指令 ALD 及块"或"指令 OLD 的运用示例。

表 2-6　ALD 及 OLD 指令运用示例

梯形图（LAD）	指令表（STL）
网络1 I0.0　　I0.1　　Q0.0 I0.3　　I0.2 Q0.0 网络2 Q0.0　　I0.4　　M10.0 M10.0　　I0.7	网络 1 LD　I0.0　　//载入常开触点 I0.0 O　　I0.3　　//与常开触点 I0.3 并联 LDN　I0.1　　//载入常闭触点 I0.1 O　　I0.2　　//与常开触点 I0.2 并联 ALD　　　　//两块电路串联 O　　Q0.0　　//与常开触点 Q0.0 并联 =　　Q0.0　　//输出到 Q0.0 线圈 网络 2 LDN　Q0.0　　//载入常闭触点 Q0.0 AN　　I0.4　　//与常闭触点 I0.4 串联 LD　M10.0　//载入常开触点 M10.0 AN　　I0.7　　//与常闭触点 I0.7 串联 OLD　　　　//两块电路并联 =　　M10.0　//输出到 M10.0 线圈

4. RS 触发器指令

RS 触发器指令包括置位优先触发器指令（SR）和复位优先触发器指令（RS）。

置位优先触发器是一个置位优先的锁存器。当置位信号 S1 和复位信号 R 都为 1 时，输出为 1。复位优先触发器是一个复位优先的锁存器。当置位信号 S 和复位信号 R1 都为 1 时，输出为 0。bit 参数用于指定被置位或者复位的位元件。

表 2-7 给出了 RS 触发器指令的梯形图符号及反映指令功能的真值表。梯形图符号采用指令盒形式，输入/输出端子数据类型及有效操作数见表 2-8。表 2-9 为 RS 触发器指令运用示例。

表 2-7　RS 触发器指令及其真值表

指令（SR）		S1	R	输出（bit）
置位优先 触发器指令	bit ┤S　OUT├ 　RS ┤R1	0	0	保持前一状态
		0	1	0
		1	0	1
		1	1	1
指令（RS）		S	R1	输出（bit）
复位优先 触发器指令	bit ┤S　OUT├ 　RS ┤R1	0	0	保持前一状态
		0	1	0
		1	0	1
		1	1	0

表 2-8　RS 触发器指令的有效操作数

输入/输出	数据类型	操作数
S1、R	BOOL	I,Q,V,M,SM,S,T,C,能流
S、R1、OUT	BOOL	I,Q,V,M,SM,S,T,C,L,能流
bit	BOOL	I,Q,V,M,S

表 2-9　RS 触发器指令运用示例

S7-200 PLC 没有与 RS 触发器相对应的指令表程序，通过 STEP 7-Micro/Win 编程软件只能编辑梯形图程序。通过编译，软件能自动生成与 RS 触发器相对应功能的指令表程序。以表 2-9 中网络 1 所示 RS 触发器梯形图指令为例，其指令表格式为：

LD　　I0.0

LD　　I0.1

NOT

A　　Q0.0

OLD

=　　Q0.0

显然，它们是由一组基本逻辑指令构成的，分析不难发现，该网络完全可用图 2-2 所示梯形图所取代。不过，采用 RS 触发器的梯形图编程更为方便。即使编辑图 2-2 所示梯形图程序，软件在编译时也会将其变成表 2-9 所示 RS 触发器标准指令格式。

图 2-2　与 RS 触发器指令相同功能的梯形图

5．编程注意事项

（1）双线圈输出。如果在同一个程序中，同一元件的线圈使用了两次或多次，称为双线圈输出。对于输出继电器来说，在扫描周期结束时，真正输出的是最后一个 Q0.0 的线圈的状态。

Q0.0 的线圈的通断状态除了对外部负载起作用外，通过它的触点，还可能对程序中其他元件的状态产生影响。图 2-3(a) 中两个 Q0.0 线圈所在的电路将梯形图划分为 3 个区域。因为 PLC 是循环执行程序的，如果两个线圈的通断状态相反，不同区域中 Q0.0 的触点的状态也是相反的，可能使程序运行异常。为避免因双线圈引起的输出继电器快速振荡的异常现象。可以将图 2-3(a) 双线圈输出改为图 2-3(b) 所示形式。

图 2-3　双线圈输出

（2）程序的优化设计。在设计并联电路时，应将单个触点的支路放在下面；设计串联电路时，应将单个触点放在右边，否则将多使用指令，影响 PLC 运行速度。在图 2-4 所示两种电路中，优化设计的梯形图可少用 4 条指令。

图 2-4　梯形图的优化设计

建议在有输出线圈的并联电路中，将单个线圈放在上面，如将图 2-4(a) 的电路改为图 2-4(b) 的电路，可以避免使用入栈指令 LPS 和出栈指令 LPP。

（3）编程元件的位置。输出类元件（例如输出指令 "="、置位指令 "S"、复位指令 "R" 和大多数功能指令）应放在梯形图的最右边，它们不能直接与左侧母线相连。

【操作指导】

1. 画出接线图，安装电路

根据任务要求，采用 S7-200 CPU224 AC/DC/RLY 型 PLC，其 I/O 接线图如图 2-5 所示。

图 2-5　抢答器 I/O 接线图

输入输出继电器地址分配如表 2-10 所示。

表 2-10　输入输出继电器的地址分配表

编程元件	I/O 端子	电路器件	作　　用
输入继电器	I0.0	SB0	复位按钮
	I0.1	SB1	1# 抢答按钮
	I0.2	SB2	2# 抢答按钮
	I0.3	SB3	3# 抢答按钮
	I0.4	SB4	4# 抢答按钮
输出继电器	Q0.1	HL1	1# 输出指示
	Q0.2	HL2	2# 输出指示
	Q0.3	HL3	3# 输出指示
	Q0.4	HL4	4# 输出指示

在教师指导下，按图 2-5 抢答器 I/O 接线图完成电路的硬件接线。在满足一般电气安装基本要求外，还应注意以下几点。

（1）所有导线两端必须安装号码管，其编号除注明外一律采用 PLC 输入/输出端子号。

1M 及 M 间的连接线采用"M"进行编号。号码管安装完成后，字头应统一朝左或上。

（2）输入按钮及输出指示灯按布局图安装在按钮安装支架上，并通过连接电缆与主板接线端子相连。连接电缆应采用尼龙绕线管进行保护。

（3）为保证接线安全可靠，所有电气元件接线端子上，只允许安装最多两根导线，电气接点上导线较多时，可采用串联的方法进行连接。

（4）系统工作电源通过单相电源插头线，接至 TX 后再接入小型断路器 QS 进线端。

2．自检

检查布线。对照图检查是否掉线、错线，是否漏编、错编，接线是否牢固等。

3．编辑控制程序

在装有 STEP7-Micro/WIN V4.0 SP6 编程软件的个人电脑上，编辑 PLC 控制程序并编译后保存为"＊.mwp"文件备用。抢答器控制参考梯形图及指令表程序见图 2-6。

(a) 梯形图程序   (b) 指令表程序

图 2-6　抢答器控制参考梯形图及指令表程序

4．程序下载

① 在 PLC 断电状态下，用 USB/PPI 电缆连接电脑与 PLC。

② 合上控制电源开关 QS，将运行模式选择开关拨到 STOP 位置，通过软件将编制好的

控制程序下载到 PLC。

注意：一定要在断开 QS 的情况下插拔适配电缆，否则极易损坏 PLC 通信接口。

5. 运行抢答器控制程序

① 将运行模式选择开关拨到 RUN 位置，使 PLC 进入运行方式。

② 根据任务分析要求，按下 SB0、SB1、SB2 等按钮，观察 PLC 上输入、输出指示灯的工作状态及 HL1～HL4 工作情况。满足控制要求即表明程序运行正常。

【课后思考】

1. PLC 梯形图程序中的网络是什么？

2. CPU224 DC/AC/RLY 型 PLC 的输入端子和输出端子是如何分组的？如果被控电器需要采用不同的供电电源，PLC 输出电路应怎样接线？

任务二　双定时器 PLC 闪光控制电路

【任务目标】

1. 学习 S7-200 系列 PLC 的定时器指令。

2. 掌握使用定时器指令进行编程的基本方法。

3. 了解各种定时器的性能特点，并根据控制要求正确选用。

【任务分析】

闪光控制电路是广泛应用的一种实用控制电路，它既可以控制灯光的闪烁频率，又可以控制灯光的通断时间比，也可控制其他负载，如电铃、蜂鸣器等。图 2-7 是 PLC 闪光控制

图 2-7　PLC 闪光控制硬件布局

电路硬件布局图，要求接通电源开关 QS 使 PLC 上电后，电路即自动工作，彩灯点亮 5s，熄灭 3s，再亮 5s，熄灭 3s……

【相关知识】

一、定时器指令工作方式及指令格式

S7-200 PLC 的定时器为增量型定时器，用于实现时间控制，可以按照工作方式和时间基准（时基）分类，时间基准又称为定时精度和分辨率。

1. 工作方式

按照工作方式，定时器可分为通电延时型（TON）、有记忆的通电延时型（TONR）、断电延时型（TOF）3 种类型。

2. 时基标准

按照时基标准，定时器可分为 1ms、10ms、100ms 3 种类型，不同的时基标准，定时精度、定时范围和定时器的刷新方式不同。

（1）定时精度。定时器的工作原理是定时器使能输入有效后，当前值寄存器对 PLC 内部的时基脉冲增 1 计数，最小计时单位为时基脉冲的宽度，故时间基准代表着定时器的定时精度，又称分辨率。

（2）定时范围。定时器使能输入有效后，当前值寄存器对时基脉冲递增计数，当计数值大于或等于定时器的预置值后，状态位 T-bit 置 1。从定时器输入有效，到状态位输出有效经过的时间为定时时间。定时时间等于时基乘预置值，时基越大，定时时间越长，但分辨率越低。

（3）定时器的刷新方式。1ms 定时器每隔 1ms 刷新一次，定时器刷新与扫描周期和程序处理无关。扫描周期较长时，定时器一个周期内可能多次被刷新（多次改变当前值）。

10ms 定时器在每个扫描周期开始时刷新。每个扫描周期之内，当前值不变。如果定时器的输出与复位操作时间间隔很短，调节定时器指令盒与输出触点在网络段中位置是必要的。

100ms 定时器是定时器指令执行时被刷新，下一条执行的指令即可使用刷新后的结果，非常符合正常思维，使用方便可靠。但应当注意，如果该定时器的指令不是每个周期都执行（比如条件跳转时），定时器就不能及时刷新，可能会导致出错。

CPU 22X 系列 PLC 的 256 个定时器分 TON（TOF）和 TONR 工作方式，具有 3 种时基标准，TOF 与 TON 共享同一组定时器，定时器号不能重复使用。定时器号和分辨率见表 2-11。

表 2-11　定时器号和分辨率

定时器类型	用毫秒(ms)表示的分辨率	用秒(s)表示的最大值	定时器号
TONR 有记忆的接通 延时型	1ms	32.767s	T0，T64
	10ms	327.67s	T1～T4，T65～T68
	100ms	3276.7s	T5～T31，T69～T95
TON 接通延时型 TOF 断开延时型	1ms	32.767s	T32，T96
	10ms	327.67s	T33～T36，T97～T100
	100ms	3276.7s	T37～T63，T101～T255

使用定时器时应参照表2-11合理选择定时器编号，同时要考虑刷新方式对程序执行的影响。

3. 定时器指令格式

表2-12是定时器指令格式。指令盒左下侧"????"表示编程时预置值PT；指令盒中"???　～"表示时基的大小。

表 2-12　定时器指令格式

定时器类型		接通延时定时器	有记忆的接通延时定时器	断开延时定时器
指令的表达形式	指令表	TON T××,PT	TONR T××,PT	TOF T××,PT
	梯形图	T×× ─┤IN　TON├ ????─┤PT　???～├	T×× ─┤IN　TONR├ ????─┤PT　???～├	T×× ─┤IN　TOF├ ????─┤PT　???～├
操作数的范围及类型		T××:(WORD)常数 T0～T255 IN:(BOOL)I,Q,V,M,SM,S,T,C,L,能流 PT:(INT)IW,QW,VW,MW,SMW,T,C,LW,AC,AIW,＊VD,＊LD,＊AC,常数		

IN是使能输入端，编程范围T0～T255；PT是预置值输入端，最大预置值为32767；PT的数据类型：INT（整数）。

二、定时器工作原理分析

下面从原理、应用等方面，分别叙述通电延时型、有记忆通电延时型、断电延时型定时器的使用方法。

1. 通电延时型（TON）

使能端（IN）输入有效时，定时器开始计时，当前值从0开始递增，当前值大于或等于预置值（PT）时，定时器输出状态位T-bit置1（输出触点有效），当前值的最大值为32767。使能端无效（断开）时，定时器复位（当前值清零，输出状态位置0）。

通电延时型定时器应用示例见表2-13。

表 2-13　通电延时型定时器应用示例

网络1　网络标题
　I0.0　　　　　　　T37
─┤├──────┤IN　TON├
　　　　　　　+10─┤PT　100ms├
 	
网络2
　T37　　　Q0.0
─┤├────( )─
	网络1　//100ms 定时器 T37 在
	　　　　//(10×100ms＝1s)后计时时间到。
	　　　　//I0.0＝ON 时 T37 计时，
	　　　　//I0.0＝OFF 时,禁止并复位 T37
	LD　　I0.0
	TON　T37,＋10
	网络2　//定时器 T37-bit 控制 Q0.0 输出状态。
	LD　　T37
	＝　　Q0.0

续表

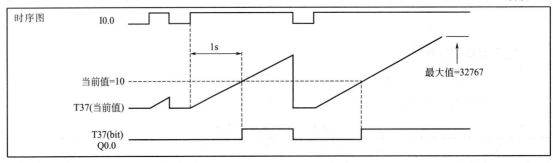

2. 有记忆通电延时型（TONR）

使能端（IN）输入有效时（接通），定时器开始计时，当前值递增，当前值大于或等于预置值（PT）时，输出状态位置1。使能端输入无效（断开）时，当前值保持（记忆），使能端（IN）再次接通有效时，在原记忆值的基础上递增计时。有记忆通电延时型（TONR）定时器采用线圈的复位指令（R）进行复位操作，当复位线圈有效时，定时器当前值清零，输出状态位置0。

有记忆通电延时型定时器应用示例见表2-14，程序运行结果见时序分析。

表 2-14 有记忆通电延时型定时器应用示例

3. 断电延时型（TOF）

使能端（IN）输入有效时，定时器输出状态位立即置1，当前值复位（为0）。使能端（IN）断开时，开始计时，当前值从0递增，当前值达到预置值时，定时器状态位复位（置0），并停止计时，当前值保持。该指令通常用于电机停车后的延时冷却等场合。

断开延时型定时器应用示例见表2-15。

表 2-15 断开延时型定时器应用示例

定时器指令的操作数如表2-16所示。

表 2-16 定时器指令的操作数

定时器类型	当前值≥预设值	使能输入(IN)的状态
TON	定时器位 ON， 当前值连续计数到 32767	ON:当前值计数时间 OFF:定时器位 OFF，当前值=0
TONR	定时器位 ON， 当前值连续计数到 32767	ON:当前值计数时间 OFF:定时器位和当前值保持最后状态
TOF	定时器位 OFF， 当前值=预设值,停止计时	ON:定时器位 ON,当前值=0 OFF:发生 ON 到 OFF 的跳变之后,定时器计时

【操作指导】

1. 画出接线图，安装电路

根据任务要求，采用 S7-200 CPU224 AC/DC/RLY 型 PLC，闪光控制电路 I/O 接线如

图 2-8 所示。

图 2-8　闪光控制电路 I/O 接线图

在教师指导下，按图 2-8 闪光控制电路 I/O 接线图完成电路的硬件接线。

由于系统要求 PLC 上电后即能自动进入工作状态，所以无任何输入控制元件，这是 PLC 的一种典型工作方式。

2. 自检

检查布线。对照图检查是否掉线、错线，是否漏编、错编，接线是否牢固等。

3. 编辑控制程序

在装有 STEP7-Micro/WIN V4.0 SP6 编程软件的个人电脑上编辑 PLC 控制程序，编译后保存为 " * . mwp" 文件备用。闪光控制电路梯形图程序见图 2-9(a)，指令表程序见图 2-9(b)。

输入输出继电器地址分配如表 2-17 所示。

表 2-17　输入输出继电器的地址分配

编程元件	I/O 端子	电路器件/型号	作　用
输入继电器		无输入控制	
输出继电器	Q0.0	3W 螺口节能灯泡	输出彩灯

其他编程元件地址分配如表 2-18 所示。

图 2-9 闪光控制电路梯形图程序

表 2-18 其他编程元件的地址分配

编程元件	编程地址	预置值	作　　用
定时器	T37	50	点亮时间
（100ms）	T38	30	熄灭时间

简要说明：PLC闪光控制电路是用两个内部编程元件定时器 T37 和 T38 来实现的。

在图 2-9 所示闪光控制梯形图程序中，PLC 接通电源后，定时器 T37 计时开始。其动断触点（T37-bit）使输出线圈 Q0.0 得电，彩灯亮。5s 后，该动断触点断开，Q0.0 的线圈失电（灯灭）。其动合触点接通 T38 输入端，T38 计时开始。经过 3s 后，T38 的动断触点断开 T37 的输入，使 T37 复位，T37 的动合触点断开 T38 的输入，T38 也被复位。T37 的动断触点再次接通 Q0.0，彩灯亮；T38 的动断触点又接通 T37 的输入。这样，输出 Q0.0 所接的负载灯，以接通 5s、断开 3s 的规律不停地闪烁，直到断开电源为止。若要想改变闪光电路的频率，只需改变两个定时器的时间预置值即可。

4. 程序下载

① 在 PLC 断电状态下，用 USB/PPI 电缆连接电脑与 S7-200 CPU224 AC/DC/RLY 型 PLC。

② 合上控制电源开关 QS，将运行模式选择开关拨到 STOP 位置，通过软件将编制好的控制程序下载到 PLC。

注意：一定要在断开 QS 的情况下插拔适配电缆，否则极易损坏 PLC 通信接口。

5. 运行抢答器控制程序

① 将运行模式选择开关拨到 RUN 位置，使 PLC 进入运行方式。

② 观察彩灯是否立即点亮，是否按亮 5s、灭 3s 的规律不停闪烁。

③ 调整 T37 时间预设值为 20，T38 时间预设值为 10，观察彩灯闪光变化情况。

【课后思考】

1. 查阅有关技术指标，说明 CPU224 DC/AC/RLY 型 PLC 输出端口能接多大功率的负载。

2. 如果只需要做一个亮 0.5s，熄 0.5s 的闪光控制电路，程序设计是否可简化？

任务三　用计数器实现长定时控制

【任务目标】

1. 学习 S7-200 系列 PLC 的计数器指令。

2. 掌握使用计数器指令进行编程的基本方法。

3. 掌握任意周期脉冲形成电路的编程技巧。

4. 学会通过改变定时器或计数器预置值进行用户程序快速调试的方法。

【任务分析】

PLC 提供的定时器定时时间较短，如果需要长时间定时，通常采用定时器和计数器配合的方式，把需要定时的时间分成若干时间块来实现。

计数器长定时控制通过 CPU224 型 PLC 来实现控制，其硬件安装布局如图 2-10 所示。转换开关 SA 与 PLC 的输入端子 I0.0 相连，闭合时定时开始。按钮 SB 与输入端子 I0.1 相连，按下则定时时间清零。控制要求：合上 SA，630min 后点亮与 Q0.0 相连的输出指示灯 HL。TX 为端子板。

图 2-10　计数器长定时控制硬件安装布局图

【相关知识】

一、计数器指令格式

计数器利用输入脉冲上升沿累计脉冲个数，S7-200 系列 PLC 有递增计数（CTU）、增/减计数（CTUD）、递减计数（CTD）3 类计数指令。计数器的基本结构与定时器基本相同，主要由预置值寄存器、当前值寄存器、状态位等组成。

计数器的梯形图指令符号为指令盒形式，指令格式见表 2-19。

表 2-19　计数器指令格式

计数器类型		增计数(CTU)	减计数(CTD)	增/减计数(CTUD)
指令的表达形式	指令表	CTU C××,PV	CTD C××,PV	CTUD C××,PV
	梯形图	C×× CU CTU R ????-PV	C×× CD CTD LD ????-PV	C×× CU CTUD CD R ????-PV
操作数的范围及类型		C××:(WORD)常数 T0～T255 CU,CD,LD,R:(BOOL)I,Q,V,M,SM,S,T,C,L,能流 PT:(INT)IW,QW,VW,MW,SMW,T,C,SW,LW,AC,AIW,*VD,*LD,*AC,常数		

梯形图指令符号中，CU 为增 1 计数脉冲输入端；CD 为减 1 计数脉冲输入端；R 为复位脉冲输入端；LD 为减计数器的复位脉冲输入端。计数器编程范固为 C0～C255，PV 预置值最大范围 32767，PV 数据类型为 INT（整数）。

二、计数器工作原理分析

下面从原理、应用等方面，分别叙述增计数指令（CTU）、增/减计数指令（CTUD）、减计数指令（CTD）3 种类型计数指令的应用方法。

1. 增计数指令（CTU）

增计数指令在 CU 端输入脉冲上升沿，计数器的当前值增 1 计数。当前值大于或等于预置值（PV）时，计数器状态位 C-bit 置 1。当前值累加的最大值为 32767。复位输入（R）有效时，计数器状态位复位（置 0），当前计数值清零。增计数指令的应用可以参考表 2-20 中示例程序理解。

2. 增/减计数指令（CTUD）

增/减计数器有两个脉冲输入端，其中 CU 端用于递增计数，CD 端用于递减计数，执行增/减计数指令时，CU/CD 端的计数脉冲上升沿增 1/减 1 计数。当前值大于或等于计数器预置值（PV）时，计数器状态位置位。复位输入（R）有效或执行复位指令时，计数器状态位复位，当前值清零。达到计数器最大值 32767 后，下一个 CU 输入上升沿将使计数值变为最小值（-32768）。同样，达到最小值（-32768）后，下一个 CD 输入上升沿将使计数值变为最大值（32767）。

增/减计数指令应用程序示例见表 2-20。

表 2-20　增/减计数指令应用示例

3. 减计数指令（CTD）

复位输入（LD）有效时，计数器把预置值（PV）装入当前值存储器，计数器状态位复位（置 0）。CD 端每一个输入脉冲上升沿到来时，减计数器的当前值从预置值开始递减计数，当前值等于 0 时，计数器状态位置位（置 1），停止计数。

减计数指令应用示例见表 2-21。

表 2-21 减计数指令应用示例

示例:减计数指令应用程序	

网络1　　网络标题
 	
 I0.0　　　　　C1
 ┤├──────CD CTD
 	
 I0.1
 ┤├──────LD
 	
 +3─PV
 	
 网络2
 	
 C1　　　　Q0.0
 ┤├─────( )
	网络 1　　//当 I0.1 断开时,允许
	　　　　//减计数器 C1 的当前值从 3 变到 0。
	　　　　//I0.0 的上升沿使 C1 的当前值递减。
	　　　　//I0.1 接通时装载预置值 3。
	 LD　　I0.0
	 LD　　I0.1
	 CTD　　C1,＋3
	 网络2　　//当计数器 C1 的当前值＝0 时,C1-bit 接通。
	 LD　　C1
	 ＝　　　Q0.0

时序图 	

程序运行分析:减计数器在计数脉冲 I0.0 的上升沿减 1 计数,当前值从预置值开始减至 0 时,计数器输出状态位 C-bit 置 1,Q0.0 通电(置 1)。在复位脉冲 I0.1 的上升沿,计数器状态位置 0(复位),当前值等于预置值,为下次计数工作做好准备。

【操作指导】

1. 画出接线图,安装电路

根据任务要求,采用 S7-200 CPU224 AC/DC/RLY 型 PLC,计数器长定时控制电路 I/O 接线如图 2-11 所示。

在教师指导下,按图 2-11 计数器长定时控制电路 I/O 接线图完成电路的硬件接线。在满足一般电气安装基本要求外,还应注意以下几点。

(1)输入按钮、开关及输出指示灯按硬件布局图安装在按钮安装支架上,并通过连接电缆与主板接线端子相连。连接电缆应采用尼龙绕线管进行保护。

(2)为保证接线安全可靠,所有电器元件接线端子上,只允许安装最多两根导线,电气接点上导线较多时,可采用串联的方法进行连接。

(3)系统工作电源通过单相电源插头线接至 TX 后再接入小型断路器 QS 进线端。

2. 自检

检查布线,检查是否掉线、错线,是否漏编、错编,接线是否牢固等。

图 2-11　计数器长定时控制电路 I/O 接线图

3. 编辑控制程序

在装有 STEP 7-Micro/WIN V4.0 SP6 编程软件的个人电脑上编辑 PLC 控制程序，编译后保存为"∗.mwp"文件备用。计数器长定时控制电路梯形图程序见图 2-12(a)，指令表程序见图 2-12(b)。

输入输出继电器地址分配如表 2-22 所示。

表 2-22　输入输出继电器的地址分配表

编程元件	I/O 端子	电路器件/型号	作　用
输入继电器	I0.0	NP2-BD21	定时开始控制
	I0.1	NP2-BA31	定时清零按钮
输出继电器	Q0.0	NP2-ND16-22BS/2-220V(红)	输出指示灯

其他编程元件地址分配如表 2-23 所示。

表 2-23　其他编程元件的地址分配

编程元件	编程地址	预置值	作　用
定时器(100ms)	T37	600	1min 计数脉冲宽度设定
计数器	C10	60	60min 计数脉冲宽度设定
	C11	10	600min 定时控制
	C12	30	(600＋30)min 定时控制

简要说明：计数器长定时控制电路采用 PLC 内部编程元件定时器 T37 和计数器 C10、C11、C12 配合实现。

(a) 梯形图程序

(b) 指令表程序

图 2-12 计数器长定时控制电路程序

在图 2-12 所示计数器长定时控制梯形图程序中，网络 1 是一个典型的任意周期脉冲形成电路。每当计时时间达到设定值时，T37 的动断触点（T37-bit）将断开一个 PLC 扫描周期，从而使 T37 复位。T37 的动合触点则输出一个宽度为 PLC 扫描周期的针状脉冲，作为计数器 C10 及 C12 的输入计数脉冲。

网络 2 构成周期为 1h 的脉冲形成电路。C10 的动合触点每小时输出一个宽度为 PLC 扫描周期的针状脉冲，该脉冲使 C10 复位并作为计数器 C11 的输入计数脉冲。

网络 3 为 10h（600min）定时控制电路。

网络 4 为 600min+30min 定时控制电路。

网络 5 为输出控制电路，即 630min 定时时间到，输出线圈 Q0.0 得电，输出指示灯亮。

4. 程序下载

① 在 PLC 断电状态下，用 USB/PPI 电缆连接电脑与 S7-200 CPU224 AC/DC/RLY 型 PLC。

② 合上控制电源开关 QS，将运行模式选择开关拨到 STOP 位置，通过软件将编制好的控制程序下载到 PLC。

注意：一定要在断开 QS 的情况下插拔适配电缆，否则极易损坏 PLC 通信接口。

5. 运行抢答器控制程序

① 将运行模式选择开关拨到 TERM 位置，使 PLC 进入暂态方式。

② 为快速调试程序，在编程电脑与 PLC 联机状态下，调整 T37 时间预设值 PV＝5。

③ 通过电脑使 PLC 进入 RUN 状态，合上转换开关 SA，观察彩灯电否在 315s 后点亮。

④ 通过电脑将 T37 时间预设值重新调整为 PV＝600。试运行程序。

【课后思考】

1. 在图 2-12 所示计数器长定时控制程序中，如果需要将定时开灯改为定时关灯，程序应作怎样修改？

2. 单个定时器最长定时时间是多少？如果仅用定时器完成 630min 定时控制，需要多少个定时器？如何编程？

考 核 评 价

表 2-24 为质量评价表。

表 2-24　质量评价表

考核项目	考核要求	配分	评分标准	（按任务）评分		
				一	二	三
元器件安装	1. 合理布置元件； 2. 会正确固定元件	10	1. 元件布置不合理每处扣 3 分； 2. 元件安装不牢固每处扣 5 分； 3. 损坏元件每处扣 5 分			
线路安装	1. 根据控制任务做 I/O 分配； 2. 画出 PLC 控制 I/O 连接图； 3. 按图施工； 4. 布线合理、接线美观； 5. 布线规范、无线头松动、压皮、露铜及损伤绝缘层	40	1. I/O 点分配不全或不正确每处扣 2 分； 2. 接线图表达不正确每处扣 2 分； 3. 接线不正确扣 30 分； 4. 布线不合理、不美观每根扣 3 分； 5. 走线不横平竖直每根扣 3 分； 6. 线头松动、压皮、露铜及损伤绝缘层每处扣 5 分			
编程 下载	1. 正确画出功能图并转换成梯形图； 2. 正确输入梯形图或指令表； 3. 会转换梯形图； 4. 正确保存文件； 5. 会传送程序	30	1. 不能设计程序或设计错误扣 6 分； 2. 输入梯形图或指令表错误每处扣 2 分； 3. 转换梯形图错误扣 4 分； 4. 保存文件错误扣 4 分； 5. 传送程序错误扣 4 分			

考核项目	考核要求	配分	评分标准	（按任务）评分		
				一	二	三
通电试车	按照要求和步骤正确检查、调试电路	20	通电调试不成功、每次扣5分			
安全生产	自觉遵守安全文明生产规程		发生安全事故，0分处理			
时间	4h		1. 提前正确完成，每10分钟加5分； 2. 超过定额时间，每5分钟扣2分			
综合成绩（此栏由指导教师填写）						

习　题

1. 根据图 2-13（a）及图 2-13（b）所示梯形图程序，分别写出其对应的指令表。

(a)　　　　　　　　　　　　　　　(b)

图 2-13　题 1 的梯形图程序

2. 根据指令表绘出下列程序的梯形图

① LD   I0.0

   O   I1.2

   AN   I1.3

   O   M10.0

   LD   Q1.2

   A   I0.5

   O   M100.2

   ALD

   ON   M10.3

   =   Q1.0

② LD   I0.3

   A   I0.5

   LD   I0.3

   AN   I0.2

   OLD

   LD   M10.2

   A   Q0.3

   LD   I1.0

   AN   Q1.3

   OLD

   ALD

   LD   M100.3

   A   M10.5

   OLD

   A   M10.2

   =   Q0.0

3. 请思考并将正确的结果填入空白处。

（1）接通延时定时器（TON）的输入电路_____时开始定时，当前值大于等于设定值时其定时器位变为_____，其常开触点_____，常闭触点_____。

（2）接通延时定时器（TON）的输入电路_____时被复位，复位后其常开触点_____，常闭触点_____，当前值等于_____。

（3）若加计数器的计数输入电路（CU）_____、复位输入电路（R）_____，则计数器的当前值加1。当前值大于等于设定值（PV）时，其常开触点_____，常闭触点_____。输入电路复位时，计数器被复位，复位后其常开触点_____，常闭触点_____，当前值为_____。

4. 使用置位、复位指令，编写两套电动机的控制程序，两套程序控制要求分别如下。

（1）启动时，电动机 M1 先启动，才能启动电动机 M2，停止时，电动机 M1、M2 同时停止。

（2）启动时，电动机 M1、M2 同时启动，停止时，只有在电动机 M2 停止时，电动机 M1 才能停止。

5. 设计周期为 5s、占空比为 20%（输出 1s、停 4s）的方波输出信号程序（输出点可以使用 Q0.0）。

6. 编写断电延时 5s 后，M0.0 置位的程序。

三相异步电动机全压启动控制

【项目描述】

三相异步电动机全压启动时，加在电动机定子绕组上的电压为额定电压，全压启动也称直接启动。

三相异步电动机具有结构简单、运行可靠、坚固耐用、价格便宜、维修方便等一系列优点。与同容量的直流电动机相比，三相异步电动机具有体积小、重量轻、转动惯量小的特点。在工矿企业中三相异步电动机得到广泛的应用。在变压器容量允许的情况下，三相异步电动机应该尽可能采用全压直接启动，这样既可以提高控制线路的可靠性，又可以减少电器的维修工作量。

本项目实施前，可组织学生现场观察三相异步电动机各种全压启动控制电路的外形结构，分析其工作过程。要求学生总结点动与连续控制电路的应用场合，观察两台以上电动机的顺序启动过程，分析电动机正反转的控制方法。

教师根据学生掌握电气及 PLC 基本技能的熟练程度，结合器材准备情况，将全班同学按项目任务分成相应的 3 个大组，每个大组包含若干个学习小组，各小组成员以 2～3 名为宜。除相关知识讲授及集中点评外，三个学习任务可同步进行。建议完成时间为 10 学时，具体可参考表 3-1。

表 3-1　参考学时表

任务	相关知识讲授	分组操作训练	教师集中点评
一	1h	4.5h	0.5h
二	1h	4.5h	0.5h
三	1h	4.5h	0.5h

【工具设备】

表 3-2 列出了学习所需的全部工具、设备。根据所选学习任务的不同，各小组领用器材略有区别。

表 3-2　工具、设备清单

分类	名称	型号规格	数量	单位	备注
任务一 设备	PLC	S7-200 CPU224 AC/DC/RLY	1	台	
	编程电缆	PC/PPI 或 USB/PC/PPI	1	根	

续表

分类	名称	型号规格	数量	单位	备注
任务一设备	断路器(带漏电保护)	DZ47-63 C10LE/3P+N	1	只	
	熔断器	RT18-32/6A	3	套	
	熔断器	RT18-32/2A	1	套	
	交流接触器	CJX2-1210,220V	1	台	
	热继电器	NR2-25 1.6～2.5A	1	台	
	按钮	LA4-3H	1	只	
	三相异步电动机	0.75kW,380V/△形连接	1	台	
任务二设备	PLC	S7-200 CPU224 AC/DC/RLY	1	台	
	编程电缆	PC/PPI 或 USB/PC/PPI	1	根	
	断路器(带漏电保护)	DZ47-63 C10LE/3P+N	1	只	
	熔断器	RT18-32/10A	3	套	
	熔断器	RT18-32/2A	1	套	
	交流接触器	CJX2-1210,220V	2	台	
	热继电器	NR2-25 1.6～2.5A	2	台	
	按钮	LA4-2H	1	只	
	三相异步电动机	0.75kW,380V/△形连接	2	台	
任务三设备	PLC	S7-200 CPU224 AC/DC/RLY	1	台	
	编程电缆	PC/PPI 或 USB/PC/PPI	1	根	
	断路器(带漏电保护)	DZ47-63 C10LE/3P+N	1	只	
	熔断器	RT18-32/6A	3	套	
	熔断器	RT18-32/2A	1	套	
	交流接触器	CJX2-1201,220V	2	台	
	热继电器	NR4-63 1.6～2.5A	1	台	独立安装式
	按钮	LA4-3H	1	只	
	三相异步电动机	0.75kW,380V/△形连接	1	台	
工具及器材	编程电脑	配备相应软件	1	台	工具及器材适用于所有学习任务
	常用电工工具	—	1	套	
	万用表	MF47	1	只	
	主回路端子板	TB-25/12	1	条	
	控制回路端子板	TB-15/6	1	条	
	三相四线电源插头(带线)	5A	1	根	
	安装板	500mm×600mm×1.5mm 金属网孔板	1	块	
	DIN 导轨	35mm	0.5	m	
	走线槽	TC4035	若干	m	
	控制回路导线	BVR 1mm² 红色	若干	m	
	主回路导线	BVR 1.5mm² 黑色	若干	m	
	尼龙绕线管	φ8mm	若干	m	
	螺钉		若干	颗	
	号码管、编码笔		若干	支	

任务一　三相异步电动机的点动及长动控制

【任务目标】

1. 学习并掌握点动及长动控制的编程方法。
2. 会设计并绘制点动及长动控制电路的原理图及安装图。
3. 会安装及检测点动及长动控制电路及调试程序。

【任务分析】

机床设备在正常运行时，一般电动机都处于连续运行状态。但在试车或调整刀具与工件的相对位置时，又需要电动机能点动控制，实现这种控制要求的线路是连续与点动混合控制的正转控制线路。

三相异步电动机的点动及长动控制电路硬件及布局如图 3-1 所示。电源通过三相四线电

(a) 三相四线电缆线　　　　　　　　(b) 三相实验电机

(c) 安装板元件布局

图 3-1　三相异步电动机点动及长动控制电路硬件及布局

缆线接至隔离开关 QS 上端。主电路由开关 QS、熔断器 FU1、接触器 KM 的常开主触点、热继电器 FR 的热元件和电动机组成。熔断器 FU2、PLC、停止按钮 SB1、点动启动按钮 SB2、长动启动按钮 SB3、接触器线圈及热继电器的常闭触点等构成三相异步电动机的控制电路。图 3-1（b）所示三相实验电机与电路板通过端子板 TX1 相连，控制回路导线经端子板 TX2 后再接入按钮盒。控制要求如下。

1. 点动启动

按下点动启动按钮 SB2，电动机全压启动，松开 SB2，电动机停止。

2. 长动启动

按下长动启动按钮 SB3，电动机全压启动，松开 SB3，电动机全压运转。

3. 停止控制

按下停止按钮 SB1，电动机停止运转。

4. 保护措施

系统具有必要的过载保护和短路保护。

【相关知识】

控制按钮是一种结构简单、能发出控制指令和信号、使用广泛的手动主令电器，是 PLC 控制系统中使用最多的输入电器元件之一，其结构如图 3-2 所示。

按下按钮时，先断开常闭触头，后接通常开触头；按钮释放后，在复位弹簧的作用下，自动复位的先后顺序相反。通常按钮触头的动作顺序均为"先断后合"。

在电气控制线路中，常开按钮常用来启动电动机，也称启动按钮，常闭按钮常用于控制电动机停车，也称停车按钮，复合按钮用于联锁控制电路中。

控制按钮的种类很多，在结构上有揿钮式、钥匙式、旋钮式、带灯式等。

图 3-2 控制按钮结构示意图
1—按钮帽；2—复位弹簧；3—动触头；
4—常闭静触头；5—常开静触头

按钮采用绿、红、黄、蓝、黑、白、灰七种颜色标记。

绿色：表示接通电源或启动操作。

红色：表示停止运行或切断电源。

黄色：表示防止意外反常情况的操作。

蓝色：表示绿、红、黄之外的其他特设的操作功能。

黑色、白色、灰色：用于单独点动控制时。

按钮的图形和文字符号见图 3-3。

按钮的型号对于不同品牌的定义并不相同，图 3-4 为某品牌按钮的型号及其含义。

(a) 常开按钮　　(b) 常闭按钮　　(c) 复式按钮

图 3-3　按钮的图形和文字符号

图 3-4　按钮的型号及含义

【操作指导】

1．绘制控制电路原理图

根据学习任务绘制控制电路原理图，系统采用 S7-200 CPU224 AC/DC/RLY 型 PLC，其控制电路原理图如图 3-5 所示。

图 3-5　点动及长动控制电路原理图

2. 安装电路

（1）检查元器件。根据表 3-1 配齐元器件，检查元件的规格是否符合要求，质量是否完好。

（2）固定元器件。按照元器件规划位置，安装 DIN 导轨及走线槽。固定元件。

（3）配线安装。根据配线原则及工艺要求，对照原理图进行配线安装。主回路采用 1.5mm² 蓝色导线，控制回路采用 1mm² 黑色导线。除注明外，控制回路导线采用数字序号统一编号。

① 进行板上元件的配线安装。

② 进行外围设备的配线安装。电源进线及电机均通过一次回路接线端子 TX1 后与主板相接，输入控制按钮通过二次回路接线端子 TX2 与主板相接。图 3-6 是三相四线电源插头与插座的外形图。接线时相线与中线千万不能接错，否则会造成严重设备安全事故。

图 3-6　三相四线电源插头与插座的外形结构

3. 自检

（1）检查布线。对照原理图检查是否掉线、错线，是否漏编、错编，接线是否牢固等。

（2）使用万用表检测。使用万用表检测安装的电路，应按先一次主回路、后二次控制回路的顺序进行。主回路重点检测 L1、L2、L3 之间的电阻值，在断路器断开及接触器处于常态时，其之间的阻值均为无穷大；断路器接通并压下接触器时，其之间的阻值为电机绕组阻值（零点几至几欧）。控制回路检测时，应重点检查 PLC 配线是否正确，输入回路及输出回路之间是可靠隔离。

4. 编辑控制程序

在装有 STEP7-Micro/WIN V4.0 SP6 编程软件的个人电脑上编辑 PLC 控制程序，编译后保存为"＊.mwp"文件备用。图 3-7（a）是三相异步电动机点动-长动 PLC 控制梯形图程序，图 3-7（b）是与之对应的指令表程序

编程元件的地址分配如表 3-3 所示。

(a) 梯形图程序　　　　　　　　　　(b) 指令表程序

图 3-7　三相异步电动机点动-长动 PLC 控制程序

表 3-3　编程元件地址分配表

编程元件	I/O 端子	电路器件	作　　用
输入继电器	I0.0	SB1	停止按钮
	I0.1	SB2	点动按钮
	I0.2	SB3	长动按钮
输出继电器	Q0.0	KM	接触器线圈
位存储器	M0.0	—	长动自锁控制
其他电器	—	FR	过载保护

简要说明：程序中用到了 PLC 内部编程元件位存储器 M0.0，其作用与继电-接触器控制电路中的中间继电器极为相似。它没有输入与输出端子，但能在程序执行过程中完成中间逻辑变量的运算转换。本例中，M0.0 将长动控制的状态与点动控制信号 I0.1 相或后再控制 Q0.0 的输出状态。

停止按钮 SB1 采用了常开触点的形式。一般 PLC 输入信号接点通常优先采用常开（动合）接点，以利于梯形图编程。

FR 的动断触点串接于接触器线圈回路中，它能可靠地对电机实施保护，其缺点是即使电机处于保护状态，PLC 仍视系统为正常状态，不予报警。

5. 程序下载

① 在 PLC 断电状态下，用 USB/PPI 电缆连接电脑与 S7-200 CPU224 AC/DC/RLY 型 PLC。

② 合上控制电源开关 QS，将运行模式选择开关拨到 STOP 位置，通过软件将编制好的控制程序下载到 PLC。

注意：一定要在断开 QS 的情况下插拔适配电缆，否则极易损坏 PLC 通信接口。

6. 运行三相异步电动机点动-长动 PLC 控制程序

① 将运行模式选择开关拨到 RUN 位置，使 PLC 进入运行方式。

② 根据任务分析要求，按下 SB1、SB2、SB3 等按钮，观察 PLC 上输入、输出指示灯的工作状态及电动机 M 工作情况。满足控制要求即表明程序运行正常。

【课后思考】

1. 分析图 3-7 控制程序，如果要求停止按钮 SB1 与点动按钮 SB2 同时按下时，Q0.0 无输出，程序应如何修改？

2. 如果不用位存储器 M0.0，如何编制三相异步电动机点动-长动 PLC 控制程序？

任务二　三相异步电动机的顺序控制

【任务目标】

1. 学习并掌握电动机顺序控制的编程方法。

2. 会设计并绘制电动机顺序控制原理图。

3. 会安装及检测电动机顺序控制电路及调试 PLC 控制程序。

【任务分析】

两台三相异步电动机的顺序启动 PLC 控制电路硬件布局如图 3-8 所示。主电路由隔离开关 QS、熔断器 FU1、接触器 KM1、KM2 的常开主触点，热继电器 FR1、FR2 的热元件和两台电动机 M1、M2 组成。控制电路采用 S7-200 CPU224 AC/DC/RLY 型 PLC，输入输出电气元件有停止按钮 SB1、启动按钮 SB2、接触器线圈及热继电器的常闭触点等。电机与电路板通过端子板 TX1 相连，控制回路导线经端子板 TX2 后再接入按钮盒。系统控制要求如下。

图 3-8　顺序启动 PLC 控制电路硬件布局图

1. 启动控制

在停止状态，按 SB2，电机 M1 启动并保持运转，PLC 内部计时元件 T37 开始计时。T37 计时时间到，启动电机 M2。

2. 停止控制

按下停止按钮 SB1，两台电动机停止运转。

3. 保护措施

系统具有必要的过载保护和短路保护。

【相关知识】

热继电器是一种电气保护元件。主要用于电动机的过载保护、断相保护、电流不平衡保护以及其他电气设备发热状态时的控制。图 3-9 是热继电器原理图。

图 3-9　热继电器原理图

1—热元件；2—双金属片；3—导板；4—触点复位

热元件 1 串接在电动机定子绕组中，当电动机正常运行时，热元件产生的热量虽能使双金属片弯曲，但还不足以使热继电器的触点动作。当电动机过载时，双金属片 2 弯曲位移增大，推动导板 3 使常闭触点断开，从而切断电动机控制电路以起保护作用。热继电器动作后一般不能自动复位，要等双金属片冷却后按下复位按钮复位。热继电器动作电流的调节，可以通过旋转凸轮来实现。热继电器的图形和文字符号如图 3-10 所示。

(a) 热元件　　　　(b) 常闭触点　　　　(c) 常开触点

图 3-10　热继电器的图形和文字符号

在 PLC 控制电路中，热继电器的动断触点一般串接在接触器线圈控制电路中，而热继电器的动合触点接 PLC 输入端。热继电器的常闭触点一般做保护用，常开触点一般做故障应答用。

图 3-11 所示为一自动升压供水控制电路。P1-P2 与 P2-P3 是水压检测电接点开关，其动作压力可根据需要进行调节。HL1、HL2 及 HL3 分别用作电源指示、水泵电机工作指示及电机过载保护指示。图中 FR 的动断触点用于电机保护控制，动合触点控制 HL3 作为过载保护指示。

图 3-11　自动升压供水控制电路

【操作指导】

1. 绘制控制电路原理图

根据学习任务绘制控制电路原理图，系统采用 S7-200 CPU224 AC/DC/RLY 型 PLC，其 I/O 接线如图 3-12 所示。

图 3-12　三相异步电动机顺序启动电路图

2．安装电路

（1）检查元器件。根据表 3-1 配齐元器件，检查元件的规格是否符合要求，检测元器件的质量是否完好。

（2）固定元器件。按照元器件规划位置，安装 DIN 导轨及走线槽，固定元器件。

（3）配线安装。根据配线原则及工艺要求，对照原理图进行配线安装。电源进线及电机均通过一次回路接线端子 TX1 后与主板相接，输入控制按钮通过二次回路接线端子 TX2 与主板相接。

3．自检

（1）检查布线。对照原理图检查是否掉线、错线，是否漏编、错编，接线是否牢固等。

（2）使用万用表检测。使用万用表检测安装的电路，应按先一次主回路，后二次控制回路的顺序进行。

控制回路检测时，应重点检查 PLC 配线是否正确，输入回路及输出回路之间是否可靠隔离。

4．编辑控制程序

在装有 STEP7-Micro/WIN V4.0 SP6 编程软件的个人电脑上编辑 PLC 控制程序，编译后保存为"＊.mwp"文件备用。图 3-13（a）是三相异步电动机顺序启动 PLC 控制梯形图程序，图 3-13（b）是与之对应的指令表程序。

(a) 梯形图程序　　　　　　　　　(b) 指令表程序

图 3-13　三相异步电动机顺序启动 PLC 控制程序

输入输出继电器地址分配如表 3-4 所示。

表 3-4 输入输出继电器地址分配

编程元件	I/O 端子	电路器件	作　用
	I0.0	SB1	停止按钮
输入继电器	I0.1	SB2	启动按钮
	I0.2	FR1	热继电器动断触点
	I0.3	FR2	热继电器动断触点
输出继电器	Q0.0	KM1	接触器线圈
	Q0.1	KM2	接触器线圈

其他编程元件地址分配如表 3-5 所示。

表 3-5 其他编程元件地址分配

编程元件	编程地址	PT 值	作　用
	M0.0	—	启动自锁
位存储器	M10.0	—	Q0.0 的启动控制
	M20.0	—	Q0.1 的启动控制
定时器(100ms 通用型)	T37	100	顺序时间设定(10s)

简要说明：热过载继电器多采用动断触点。FR1、FR2 对应的两个输入常开触点 I0.2 及 I0.3 串联于 Q0.0 及 Q0.1 的输出回路中，类似于启-保-停电路中的停止按钮，所以当 FR1 或 FR2 动作时，将使对应的输出回路停止工作。

采用动断触点作为 PLC 输入回路接点时，触点动作则相应输入继电器置"0"，反之为"1"。用于 PLC 启-保-停控制程序中的梯形图样式与继电-接触器控制电路样式正好相反，编程时应特别注意。

Q0.0 及 Q0.1 的启动由 M10.0 及 M20.0 的脉冲输出信号进行控制。当该电路中只有一台电机因过载停止工作时，另外一台电机的工作状态将不会受到影响。但排除故障后，需按下 SB1 使系统完全复位后，才能再次启动。

顺序控制电路通常用于并联运行的两台大功率电机，采用顺序启动控制回路可减缓过大的启动冲击电流。不同的应用场合下，应根据具体情况采用合理的应用程序。

5. 程序下载

① 在 PLC 断电状态下，用 USB/PPI 电缆连接电脑与 S7-200 CPU224 AC/DC/RLY 型 PLC。

② 合上控制电源开关 QS，将运行模式选择开关拨到 STOP 位置，通过软件将编制好的控制程序下载到 PLC。

注意：一定要在断开 QS 的情况下插拔适配电缆，否则极易损坏 PLC 通信接口。

6. 运行三相异步电动机顺序启动 PLC 控制程序

① 将运行模式选择开关拨到 RUN 位置，使 PLC 进入运行方式。

② 根据任务分析要求，操作 SB1、SB2 等按钮，观察 PLC 上输入、输出指示灯的工作

状态及电动机 M1、M2 工作情况。满足控制要求即表明程序运行正常。

【课后思考】

1. 分析图 3-13（a）所示 PLC 顺序启动控制梯形图程序，如果要求当 FR1 或 FR2 其中一个动作时，两台电机全部停止工作，应该如何编程？

2. 图 3-13（a）所示 PLC 顺序启动控制梯形图程序中，为什么要使用脉冲上升沿检出指令？如果不用，控制功能会有什么变化？

任务三　三相异步电动机的正反转控制

【任务目标】

1. 学习并掌握互锁控制在正反转控制电路中的应用。

2. 会设计并绘制电动机正反转 PLC 控制原理图。

3. 会安装及检测电动机正反转控制电路及调试 PLC 控制程序。

【任务分析】

三相异步电动机正反转 PLC 控制电路硬件布局如图 3-14 所示。

图 3-14　三相异步电动机正反转 PLC 控制电路硬件布局图

主电路由隔离开关 QS、熔断器 FU1、接触器 KM1、KM2 的常开主触点、热继电器 FR

的热元件和电动机 M 组成。控制电路采用 S7-200 CPU224 AC/DC/RLY 型 PLC，输入输出电气元件有停止按钮 SB1、正转启动按钮 SB2、反转启动按钮 SB2、接触器线圈及辅助常闭触点、热继电器的常闭触点等。由于本任务中所用接触器只有一个辅助触头，所以选型时只能采用带常闭辅助触头的 CJX2-1201 型。另，无论是正转还是反转都要有热过载保护，所以热继电器采用了独立安装式的 NR-4 型。系统控制要求如下。

1. 正向启动

合上空气开关 QS 接通三相电源，按下正向启动按钮 SB2，KM1 通电吸合并自锁，主触头闭合接通电动机，电动机这时的相序是 L1、L2、L3，即正向运行。

2. 反向启动

合上空气开关 QS 接通三相电源，按下反向启动按钮 SB3，KM2 通电吸合并通过辅助触点自锁，常开主触头闭合，这时电动机的相序是 L3、L2、L1，即反向运行。

3. 停止控制

无论在正转运行状态或是反转运行状态，按下停止按钮 SB1，电动机立即停止运转。

4. 正反转切换限制

电动机正向（或反向）启动运转后，必须先按停止按钮使电动机停止后，再按反向（或正向）启动按钮，使电动机变为反方向运行。即电机不允许从一个转向直接切换到另一个转向。

5. 保护措施

系统具有必要的过载保护和短路保护，并具有必要的互锁控制。

【相关知识】

1. 电气互锁及按钮互锁

为了实现电动机的换向，在正反转控制电路的主电路中，两个接触器的主触头并接于三相电源上，如果两个接触器同时得电，那么就会出现电源两相短路的事故，所以必须防止两个接触器同时得电，那么电路中就要有互锁控制。互锁有电气互锁和按钮互锁两种。

电气互锁就是将正反转接触器常闭辅助触头串接在对方线圈电路中，使对方不能同时得电，形成相互制约。

按钮互锁是将正、反转启动按钮的常闭辅助触头串接在对方的接触器线圈电路中，这种互锁称为按钮互锁，也叫机械互锁。

以图 3-15 所示继电器接触器控制电路为例，分析电动机正反转控制电路中的两种互锁环节。

（1）电气互锁。KM1 线圈回路串入 KM2 的常闭辅助触点，KM2 线圈回路串入 KM1 的常闭触点。当正转接触器 KM1 线圈通电动作后，KM1 的辅助常闭触点断开了 KM2 线圈回路，若使 KM1 得电吸合，必须先使 KM2 断电释放，其辅助常闭触头复位，这就防止了 KM1、KM2 同时吸合造成相间短路，这一线路环节称为电气互锁环节。

图 3-15　继电器接触器电动机正反转控制电路

（2）按钮互锁。在电路中采用控制按钮操作的正反传控制电路，按钮 SB2、SB3 都具有一对常开触点，一对常闭触点，这两个触点分别与 KM1、KM2 线圈回路连接。例如按钮 SB2 的常开触点与接触器 KM1 线圈串联，而常闭触点与接触器 KM2 线圈回路串联。按钮 SB3 的常开触点与接触器 KM2 线圈串联，而常闭触点与接触器 KM1 线圈回路串联。这样当按下 SB2 时只能有接触器 KM1 的线圈可以通电，而 KM2 断电；按下 SB3 时只能有接触器 KM2 的线圈可以通电，而 KM1 断电。如果同时按下 SB2 和 SB3，则两只接触器线圈都不能通电。这样就起到了互锁的作用。

2. 硬互锁及软互锁

通过电气线路连接方式及电气元件结构形式实现的互锁控制称为硬互锁，上述电机正反转控制回路中的互锁环节均为硬互锁。在 PLC 控制系统中，除采用硬互锁方式外，经常采用 PLC 内部软元件进行编程，以实现输出互锁的功能，这种互锁环节则称为软互锁。

3. CJX2 系列小型接触器的工作触点

随着 PLC 控制系统的日益普及，与之相适应的电气产品也应运而生。CJX2 系列小型接触器就是一种特别适用于 PLC 控制系统的电气元件。由于 PLC 控制系统的控制逻辑均由内部控制程序进行处理，所以其输出接触器不需要更多的辅助触点。对于工作电流在 25A 以下的接触器，除 3 组主回路触点外，CJX2 只提供 1 组辅助触点。如 CJX2/1210 只有一组动合辅助触点，而 CJX2/1201 则只有一组动断辅助触点。

【操作指导】

1. 绘制控制电路原理图

根据学习任务绘制控制电路原理图，系统采用 S7-200 CPU224 AC/DC/RLY 型 PLC，

其 I/O 接线如图 3-16 所示。

图 3-16　三相异步电动机正反转控制电路 I/O 接线图

2. 安装电路

（1）检查元器件。根据表 3-2 配齐元器件，检查元器件的规格是否符合要求，检测元器件的质量是否完好。

（2）固定元器件。按照元器件规划位置，安装 DIN 导轨及走线槽，固定元器件。

（3）配线安装。根据配线原则及工艺要求，对照接线图进行配线安装。电源进线及电机均通过一次回路接线端子 TX1 后与主板相接，输入控制按钮通过二次回路接线端子 TX2 与主板相接。

3. 自检

（1）检查布线。对照原理图检查是否掉线、错线，是否漏编、错编，接线是否牢固等。

（2）使用万用表检测。使用万用表检测安装的电路，应按先一次主回路，后二次控制回路的顺序进行。

主回路重点检测 L1、L2、L3 之间的电阻值，在断路器断开及接触器处于常态时，阻值均为无穷大；断路器接通并压下接触器时，为电机绕组阻值，大约为零点几欧姆。

控制回路检测时，应重点检查 PLC 配线是否正确，输入回路及输出回路之间是否可靠隔离。

4. 编辑控制程序

在装有 STEP7-Micro/WIN V4.0 SP6 编程软件的个人电脑上编辑 PLC 控制程序，编译后保存为"＊.mwp"文件备用。图3-17(a)是三相异步电动机正反转控制梯形图程序，图3-17(b)是与之对应的指令表程序。

(a) 梯形图程序　　　　　　　　　　(b) 指令表程序

图 3-17　三相异步电动机正反转控制程序

输入输出继电器地址分配如表 3-6 所示。

表 3-6　输入输出继电器地址分配

编程元件	I/O 端子	电路器件	作　　用
输入继电器	I0.0	SB1	停止按钮
	I0.1	SB2	正转启动按钮
	I0.2	SB3	反转启动按钮
输出继电器	Q0.0	KM1	正转接触器线圈
	Q0.1	KM2	反转接触器线圈
其他电器	—	FR	过载保护

使用 PLC 进行多个用电器具的互锁控制时，必须同时使用软互锁和硬互锁，以确保安全。

要使电动机由正转过渡到反转，必须先按 SB1，使其停车后，才能进行反转控制，这样可防止两个接触器同时动作造成短路。

为了可靠地对正、反转接触器进行互锁，在 PLC 输出端两个接触器之间采用动断触点构成互锁，这种互锁称为外部硬互锁。在梯形图程序中，两个输出继电器 Q0.0、Q0.1 之间还相互构成互锁，这种互锁称为内部软互锁。软互锁的作用在于防止出现触点灼伤粘连等外部故障时，本应断开的接触器未断开，使得 PLC 又对其他接触器发出了动作信号，使两只接触器同时处于通电动作状态。

硬互锁作用：防止因噪声在 PLC 内部引起运算错误，导致两个输出继电器同时有输出，使正、反转接触器同时通电动作，造成主电路短路。

5．程序下载

① 在 PLC 断电状态下，用 USB/PPI 电缆连接电脑与 S7-200 CPU224 AC/DC/RLY 型 PLC。

② 合上控制电源开关 QS，将运行模式选择开关拨到 STOP 位置，通过软件将编制好的控制程序下载到 PLC。

注意：一定要在断开 QS 的情况下插拔适配电缆，否则极易损坏 PLC 通信接口。

6. 运行三相异步电动机正反转控制程序

① 将运行模式选择开关拨到 RUN 位置，使 PLC 进入运行方式。

② 根据任务分析要求，操作 SB1、SB2、SB3 等按钮，观察 PLC 上输入、输出指示灯的工作状态及电动机工作情况。满足控制要求即表明程序运行正常。

【课后思考】

1. 如果要求按下 SB2 或 SB3 时，能直接进行正反转切换，应该如何编程？

2. 为什么在三相异步电动机正反转控制电路中，两只接触器选型时采用 CJX2/1201，而不选用 CJX2/1210？

3. 为什么在三相异步电动机正反转控制电路中，热保护继电器选用独立安装式，而不选用组合安装式？

考 核 评 价

考核评价见表 3-7。

表 3-7　考核评价表

考核项目	考核要求	配分	评分标准	(按任务)评分		
				一	二	三
元器件安装	1. 合理布置元件； 2. 会正确固定元件	10	1. 元件布置不合理每处扣 3 分； 2. 元件安装不牢固每处扣 5 分； 3. 损坏元件每处扣 5 分			
线路安装	1. 按图施工； 2. 布线合理、接线美观； 3. 布线规范、无接头松动、压皮、露铜及损伤绝缘层	40	1. 接线不正确扣 30 分； 2. 布线不合理、不美观每根扣 3 分； 3. 走线不横平竖直每根扣 3 分； 4. 线头松动、压皮、露铜及损伤绝缘层每处扣 5 分			
编程 下载	1. 正确输入梯形图； 2. 正确保存文件； 3. 会转换梯形图； 4. 会传送程序	30	1. 不能设计程序或设计错误扣 10 分； 2. 输入梯形图错误一处扣 2 分； 3. 保存文件错误扣 4 分； 4. 转换梯形图错误扣 4 分； 5. 传送程序错误扣 4 分			
通电试车	按照要求和步骤正确检查、调试电路	20	通电调试不成功，每次扣 5 分			
安全生产	自觉遵守安全文明生产规程		发生安全事故,0 分处理			
时间	5h		1. 提前正确完成，每 10 分钟加 5 分； 2. 超过定额时间,每 5 分钟扣 2 分			
综合成绩(此栏由指导教师填写)						

习　题

1. 某锅炉点火和熄火控制要求为：点火过程为先启动引风，5min 后启动鼓风，再过 2min 后点火燃烧；熄火过程为先熄灭火焰，2min 后停止鼓风，再过 5min 后停止引风。试设计控制电路，合理分配 I/O 端子并编写梯形图程序。

2. 图 3-18 所示是三条皮带运输机的示意图。对于这三条皮带运输机的控制要求如下：

图 3-18　皮带运输机示意图

按下启动按钮以后，1 号运输皮带开始运行；5s 以后，2 号运输皮带自动启动；再过 5s 以后，3 号运输皮带自动启动；停机的顺序与启动的顺序正好相反，间隔时间仍为 5s。试列出 I/O 分配表以及相应的梯形图程序。

3. 用 PLC 实现彩灯的自动控制。控制过程为：按下启动按钮，第一花样绿灯亮；10s 后，第二花样蓝灯亮；20s 后，第三花样红灯亮；再过 10s 后返回到第一花样，如此循环，并仅在第三花样后方可停止。试设计控制电路，合理分配 I/O 端子并编写梯形图程序。

三相异步电动机降压启动

【项目描述】

电动机启动电压低于额定电压称为降压启动。三相异步电动机直接启动时（全压启动），启动电流一般是额定电流的 4～7 倍，为减少对电网的影响，电动机容量较大（≥13kW）时常采用降压启动，以限制启动电流。

本项目讲述电气及 PLC 控制技术的难点内容，实施前可组织现场观察或通过多媒体课件，了解三相异步电动机各种降压启动控制电路的外形结构及其工作过程，要求学生能指出不同降压启动控制电路的适用场合。

教师根据学生掌握电气及 PLC 基本技能的熟练程度，结合器材准备情况，将全班同学按项目任务分成相应的 3 个大组，每个大组包含若干个学习小组，各小组成员以 2～3 名为宜。除相关知识讲授及集中点评外，任务一及二可分散同步进行。建议完成时间为 10 学时，具体可参考表 4-1。

表 4-1　参考学时分配

任　务	相关知识讲授	分组操作训练	教师集中点评
一	0.5	3	0.5
二	0.5	3	0.5
三	1	4.5	0.5

【工具设备】

表 4-2 列出了学习所需的全部工具、设备。根据所选学习任务的不同，各小组领用器材略有区别。

表 4-2　工具、设备清单

分类	名称	型号规格	数量	单位	备注
任务一设备	PLC	S7-200 CPU224 AC/DC/RLY	1	台	
	编程电缆	PC/PPI 或 USB/PC/PPI	1	根	
	断路器（带漏电保护）	DZ47-63 C10LE/3P＋N	1	只	
	熔断器	RT18-32/2A	1	套	
	熔断器	RT18-32/6A	3	套	

分类	名称	型号规格	数量	单位	备注
任务一设备	热继电器	NR2-25 1.6～2.5A	1	只	
	交流接触器	CJX2-1210,220V	1	只	
	交流接触器	CJX2-1201,220V	2	只	
	按钮	LA2-2H	1	只	
	三相异步电动机	0.75kW.380V/△形连接	1	台	
任务二设备	PLC	S7-200 CPU224 AC/DC/RLY	1	台	
	编程电缆	PC/PPI 或 USB/PC/PPI	1	根	
	断路器(带漏电保护)	DZ47-63 C10LE/3P＋N	1	只	
	熔断器	RT18-32/2A	1	套	
	熔断器	RT18-32/6A	3	套	
	热继电器	NR2-25 1.6～2.5A	1	只	
	交流接触器	CJX2-1210,380V	1	只	
	交流接触器	CJX2-1201,380V	2	只	
	辅助触头	F2-11	1	只	
	中间继电器	JZX-22F/2Z/220V(D)	3	套	带底座
	按钮	LA2-2H	1	只	
	三相异步电动机	0.75kW.380V/△形连接	1	台	
任务三设备	PLC	S7-200 CPU224 AC/DC/RLY	1	台	
	编程电缆	PC/PPI 或 USB/PC/PPI	1	根	
	软启动器	NJR2-7.5D	1	台	
	断路器(带漏电保护)	DZ47-63 C10LE/3P＋N	4	只	
	熔断器	RT18-32/2A	1	套	
	熔断器	RT18-32/6A	3	套	
	热继电器	NR2-25 1.6～2.5A	2	只	
	交流接触器	CJX2-1210,220V	4	只	
	中间继电器	JZX-22F/2Z/220V(D)	1	套	带底座
	按钮	LA2-2H	2	只	
	三相异步电动机	0.75kW.380V/△形连接	2	台	
工具及器材	常用电工工具		1	套	工具及器材适用于所有学习任务。
	万用表	MF47	1	只	
	端子板	TD-20/10、TD-15/10	各1	只	
	三相电源插头	16A	1	只	
	安装板	500mm×600mm×1.5mm 金属网孔板	1	块	
	DIN 导轨	35mm	0.5	m	
	走线槽	TC4035	若干	m	
	导线	一次回路 BVR1.5mm² 黑色 二次回路 BVR1mm² 红色	若干	m	
	螺钉		若干	颗	
	号码管、编码笔		若干		

任务一 通用型 Y-△ 降压启动控制电路

【任务目标】

1. 进一步学习和并掌握三相异步电动机 Y-△ 降压启动工作原理。
2. 会设计并绘制 Y-△ 降压启动 PLC 控制原理图。
3. 会安装及检测 Y-△ 降压启动 PLC 控制电路。

【任务分析】

通用型三相异步电动机 Y-△ 降压启动 PLC 控制电路硬件布局如图 4-1 所示。主电路由隔离开关 QS、熔断器 FU1、接触器 KM1、KM2、KM3 的常开主触点、热继电器 FR 的热元件和电动机 M 组成。控制电路由熔断器 FU2、PLC、停止按钮 SB1、启动按钮 SB2、接触器线圈及热继电器的常闭触点等构成。控制要求如下。

图 4-1 通用型三相异步电动机 Y-△ 降压启动 PLC 控制电路硬件布局

1. 降压启动

按下启动按钮 SB2，电动机定子绕组接成 Y 形，KM1、KM2 通电工作，电机低速运转，PLC 内部时间继电器 T37 开始计时。

2．灭弧阶段

降压启动定时器 T37 设定时间为 5s。计时时间到，KM2 断电，灭弧定时器 T38 计时开始。

3．全压运行

灭弧定时器 T38 设定时间为 0.5s。计时时间到，KM3 通电，电动机定子绕组接成△形，全压运行。

4．停止控制

按下停止按钮 SB1，电动机停止运转。

5．保护措施

系统具有必要的过载保护和短路保护。

【相关知识】

1．电动机定子绕组的两种连接方式

（1）定子绕组的 Y 形连接。定子绕组的 Y 形连接如图 4-2 所示，将 U2、V2、W2 短接，将 U1、V1、W1 接三相电源 L1、12、L3，同时将电动机外壳接 PE。小功率电动机一般设计成 Y 形连接方式，每相绕组的额定电压为 220V。该型电动机不得以△形连接方式接于线电压为 380V 的电网中。

图 4-2　三相异步电动机定子绕组的 Y 形连接

图 4-3　三相异步电动机定子绕组的△形连接

（2）定子绕组的△形连接。△形连接如图 4-3 所示，将 U1 与 W2、V1 与 U2、W1 与 V2 短接，将 U1、V1、W1 接三相电源 L1、L2、L3。功率较大的电动机通常设计成△形连接方式，每相绕组的额定电压为 380V。

2．Y-△降压启动

对于额定电压为 380V、规定为△形连接方式，且功率≥13kW 的大中型三相异步电动机，常采用 Y-△降压启动，以限制启动电流。

启动阶段以 Y 形连接方式接于电网，此时电动机每相绕组电压为 220V，远低于额定电压 380V。待电动机启动完毕（达到正常转速）后，再切换成△形连接，恢复全压运行。降

压启动会使启动转矩下降较多，所以 Y-△降压启动只适用于空载或轻载情况下启动电动机。

3．Y-△降压启动电路中电压与电流的对比关系

采用 Y-△降压启动时，绕组启动电压是全压启动电压的 58%（220/380），干路启动电流约是全压启动电流的 33.3%（0.58^2）。

连接方式为△形的电动机，直接启动和降压启动时干路电流、电压参考值如表 4-3 所示，从表中可以分析出为什么要采取降压启动，同时也可根据表中的电流、电压参考值选择相应的交流接触器、热继电器、接线端子排和导线规格。

表 4-3　三角形连接方式电动机 Y-△降压启动和 Y/△降压启动时电流、电压参考值

额定功率 /kW	三角形连接电动机直接启动			三角形连接电动机 Y/△降压启动			额定功率 /kW
	相电压/V	电流/A		相电压/V	电流/A		
		启动瞬间	启动结束		启动瞬间	启动结束	
7.5	380	60～105	15	220	20～35	5	2.5
30	380	240～420	60	220	80～140	20	10
120	380	960～1680	240	220	320～560	80	40

4．三种 Y-△降压启动电路一次回路的连接方法

图 4-4 所示为三种 Y-△降压启动电路一次回路的连接方法。读懂它们之间的异同点，是正确选择电器元件型号及参数的关键。图 4-4(a) 中，主控接触器 KM1 及热保护继电器 FR

(a)　　　　　　　　　(b)　　　　　　　　　(c)

图 4-4　三种 Y-△降压启动电路一次回路的连接方法

中均流过最大干线电流，元件参数选择时，应以电机额定工作电流并留有一定余地为准。KM3 中仅流过绕组相电流，其大小约为干线电流的 $1/\sqrt{3}$，其触点容量可选取比 KM1 小的规格。图 4-4（b）及图 4-4（c）中，FR 中只流过绕组相电流，因此其参数选取及整定应以电机额定工作电流的 $1/\sqrt{3}$ 考虑。

图 4-4（c）中，KM1 及 KM3 中电流均为绕组相电流，故可选择同一规格的接触器。

如图 4-5 所示，热保护继电器有独立安装和组合安装两种结构形式。在图 4-4（b）中，由于 KM1 和 FR 之间有输出支路，所以只能选用独立安装式的热保护继电器。其他两种电路中则没有结构形式的限制。

(a) 独立安装(JRS1-09～25/F)

(b) 组合安装(JRS1-09～25/Z)

图 4-5　热保护继电器两种结构形式

【操作指导】

1. 根据学习任务绘制控制电路原理图

系统采用 S7-200 CPU224 AC/DC/RLY 型 PLC，其 I/O 接线如图 4-6 所示。

图 4-6　通用型 Y-△降压启动 PLC 控制电路

2．安装电路

（1）检查元器件。根据表 4-2 配齐元器件，检查元器件的规格是否符合要求，检测元器件的质量是否完好。

（2）固定元器件。按照元器件规划位置，安装 DIN 导轨及走线槽，固定元器件。

（3）配线安装。根据配线原则及工艺要求，对照原理图进行配线安装。主回路采用 $1.5 mm^2$ 蓝色导线，控制回路采用 $1 mm^2$ 黑色导线。除注明外，控制回路导线采用数字序号统一编号。

3．自检

（1）检查布线。对照原理图检查是否掉线、错线，是否漏编、错编，接线是否牢固等。

（2）使用万用表检测。使用万用表检测安装的电路，应按先一次主回路，后二次控制回路的顺序进行。

主回路重点检测 L1、L2、L3 之间的电阻值，在断路器断开及接触器处常态时，阻值均为无穷大；断路器接通并压下接触器时，为电机绕组阻值（零点几至几欧）。控制回路检测时，应重点检查 PLC 配线是否正确，输入回路及输出回路之间可靠隔离。

4．编辑控制程序

在装有 STEP7-Micro/WIN V4.0 SP6 编程软件的个人电脑上编辑 PLC 控制程序，编译后保存为"＊.mwp"文件备用。图 4-7(a) 是三相异步电动机通用型 Y-△降压启动 PLC 控制梯形图程序，图 4-7(b) 是与之对应的指令表程序。

(a) 梯形图程序　　　　　　　　　　　　(b) 指令表程序

图 4-7　通用型 Y-△降压启动 PLC 控制程序

编程元件的地址分配如下。

① 输入输出继电器地址分配如表 4-4 所示。

表 4-4　输入输出继电器的地址分配

编程元件	I/O 端子	电路器件	作　　用
输入继电器	I0.0	SB1	停止按钮
	I0.1	SB2	启动按钮
输出继电器	Q0.0	KM1	主控接触器线圈
	Q0.1	KM2	星形连接用接触器线圈
	Q0.2	KM3	三角形连接用接触器线圈

② 其他编程元件地址分配如表 4-5 所示。

表 4-5　其他编程元件的地址分配

编程元件	编程地址	PT 值	作　　用
定时器(100ms 通用型)	T37	50	星形连接时间设定(5s)
	T38	5	消除电弧短路时间设定(0.5s)

5. 程序下载

① 在 PLC 断电状态下，用 USB/PPI 电缆连接电脑与 S7-200 CPU224 AC/DC/RLY 型 PLC。

② 合上控制电源开关 QS，将运行模式选择开关拨到 STOP 位置，通过软件将编制好的控制程序下载到 PLC。

注意：一定要在断开 QS 的情况下插拔适配电缆，否则极易损坏 PLC 通信接口。

6. 运行通用型 Y-△ 降压启动 PLC 控制程序

① 将运行模式选择开关拨到 RUN 位置，使 PLC 进入运行方式。

② 根据任务分析要求，操作 SB1、SB2 等按钮，观察接触器 KM1、KM2、KM3 的工作状态及电动机 M 工作情况。满足控制要求即表明程序运行正常。

【课后思考】

1. 工程实际中，功率为 0.75kW 的三相异步电动机，是否采用 Y-△ 降压启动电路？

2. 如果主回路使用图 4-4(b) 所示电路结构，热继电器整定值应调整为多少？

任务二　改进型 Y-△ 降压启动控制电路

【任务目标】

1. 会设计并绘制改进型 PLC 控制 Y-△ 降压启动原理图。

2. 会安装及检测改进型 PLC 控制 Y-△ 降压启动电路。

3. 学习 S7-200 系列 PLC 栈操作指令，编制 Y-△ 降压启动 PLC 应用程序，并正确完成下载、运行、调试及监控。

【任务分析】

大容量电机主回路所用接触器，其电磁线圈驱动电流较大，不能用 PLC 输出继电器触点直接控制。图 4-8 所示是一种改进型三相异步电动机 Y-△降压启动 PLC 控制电路硬件布局。主电路由隔离开关 QS、熔断器 FU1、接触器 KM1、KM2、KM3 的常开主触点、热继电器 FR 的热元件和电动机 M 组成。控制电路在任务一的基础上增加了 3 个中间继电器 KA1、KA2 及 KA3。它们分别用于驱动三个主回路接触器。由于本任务中所用接触器只有一个辅助触头，而电路中 KM3 用到了一个常开触点和一个常闭触点，所以增加了一个型号为 F2-11 的辅助触头组。KM1、KM2、KM3 均可选用带常闭辅助触头的 CJX2-1201 型。控制要求如下。

图 4-8 改进型 Y-△降压启动 PLC 控制电路硬件布局

1. 降压启动

按下启动按钮 SB2，电动机定子绕组接成 Y 形降压启动，KM1、KM2 通电工作，电机低速运转。此外，如果 KM3 因故障造成触点粘连而无法复位时，即使按下启动按钮，也不能进入启动程序，以避免非正常全压启动导致不良后果。

2. 灭弧阶段

降压启动定时器 T37 设定为 10s，计时时间到，KM2 断电，灭弧定时器 T38 计时开始。

3. 全压运行

灭弧定时器 T38 设定为 0.5s。计时时间到，KM3 通电，电动机定子绕组接成△形全压运行。

4. 停止控制

按下停止按钮 SB1，电动机停止运转。

5. 保护措施

系统具有必要的过载保护和短路保护。过载保护动作时，PLC 应断开所有输出。

【相关知识】

1. 堆栈操作指令

前面介绍的所有指令都没有存储过程，逻辑运算的结果直接输出。但是有些逻辑关系的运算并不能在一个逻辑运算过程中结束，需要将中间结果存储起来，将来用到时再取出来，S7-200 采用模拟堆栈结构，用来存放逻辑运算结果以及保存断点地址，所以其操作又称为逻辑堆栈操作。堆栈就是一段存储区域，堆栈中数据的存取有"先入后出"的特点。

堆栈操作语句表指令格式：

① LPS（无操作元件），逻辑推入栈操作指令。

② LRD（无操作元件），逻辑读栈指令。

③ LPP（无操作元件），逻辑弹栈指令。

（1）LPS 指令。LPS 指令用于储存电路中有分支处的逻辑运算结果，以便以后处理有线圈的支路时可以调用该运算结果。每调用一次 LPS 指令，当时的逻辑运算结果压入堆栈的第一层（顶层），堆栈中原来的数据依次向下一层推移。推入栈操作是存入，堆栈指针负责指明数据存入的地址。编程者可以不考虑数据具体存在什么地方，每存入一个数据，堆栈的指针就自动加1，指向下一个存储数据的地址。

（2）LRD 指令。LRD 指令读取存储在堆栈最上层的电路中分支点处的运算结果，将下一个触点强制性地连接在该点。读数后堆栈内的数据不会上下移动。

（3）LPP 指令。LPP 指令弹出（调用并去掉）存储在堆栈最上层的电路中分支点对应的运算结果，将下一触点连接在该点，并从堆栈中去掉该点的运算结果。使用 LPP 指令时，堆栈中各层的数据向上移动一层，最上层的数据在读出后从栈内消失。

堆栈操作指令对栈区的影响见图 4-9。

逻辑堆栈指令（LPS）可以嵌套使用，最多为 9 层。为保证程序地址指针不发生错误，推入栈和弹栈指令必须成对使用，最后一次读栈操作应使用弹栈指令。

表 4-6 是堆栈操作指令的运用示例。本例中输入触点 I0.0 的状态被 LPS 指令保存后，通过 LRD 指令读出并影响 Q6.0 的输出结果，再由 LPP 指令取出并影响 Q3.0 的输出结果。

(a) LPS　　　　　　　　　(b) LRD　　　　　　　　　(c) LPP

图 4-9　LPS、LRD、LPP 指令对栈区的影响

表 4-6　堆栈操作指令运用示例

梯形图（LAD）	指令表（STL）
网络1　　网络标题 　I0.0　　　I0.5　　　Q7.0 　┤├　　　┤├　　　（　） 推入栈 　　　　　　I0.6 　　　　　┤├ 　　　　　I2.1　　　Q6.0 　　　　　┤├　　　（　） 读栈 　　　　　I1.3 　　　　　┤├ 　　　　　I1.0　　　Q3.0 　　　　　┤├　　　（　） 弹出栈	网络1 LD　　I0.0　　//载入常开触点 I0.0 LPS　　　　　　//当前逻辑运算结果推入栈 LD　　I0.5　　//载入常开触点 I0.5 O　　 I0.6　　//将常开触点 I0.6 与 I0.5 并联 ALD　　　　　 //将并联电路块与 I0.0 串联 =　　 Q7.0　　//结果输出至 Q7.0 LRD　　　　　 //读栈 LD　　I2.1　　//载入常开触点 I2.1 O　　 I1.3　　//将常开触点 I1.3 与 I2.1 并联 ALD　　　　　 //将 I2.1 和 I1.3 的并联电路块与读栈值串联 =　　 Q6.0　　//将结果输出至 Q6.0 LPP　　　　　 //弹出栈 A　　 I1.0　　//将常开触点 I1.0 与弹出栈值串联 =　　 Q3.0　　//将结果输出至 Q3.0

2. PLC 工作电源与输出触点额定值

（1）PLC 的工作电源。交流电源型 PLC 额定工作电压通常为 AC 220V，在采用三相三线制供电系统时，必须加设 380V/220V 电源变压器，为 PLC 提供工作电源。在三相四线制供电系统中，为防止电网中干扰信号对 PLC 的影响，需加设 220V/220V 电源隔离变压器，以保证系统工作稳定。

（2）中间继电器的合理使用。一般小型 PLC 输出继电器工作触点，其额定工作电压不超过 AC 220V，额定工作电流仅为 2A，该触点不能直接驱动额定电压为 380V 的接触器电磁线圈，也不能直接驱动大容量接触器电磁线圈。以 CJX2 系列接触器为例，其主触点额定容量在 32A 及以上时，即使线圈额定电压为 220V，也不宜采用 PLC 输出继电器工作触点直接驱动，否则将大大减小 PLC 使用寿命。正确的使用方法是：通过 PLC 的输出触点控制小型中间继电器的电磁线圈，然后再由其工作触点控制主电路接触器的通断。

【操作指导】

1. 根据学习任务绘制控制电路原理图，系统采用 S7-200 CPU224 AC/DC/RLY 型 PLC，其 I/O 接线如图 4-10 所示。

图 4-10 改进型 Y-△降压启动 PLC 控制电路 I/O 接线图

2．安装电路

（1）检查元器件。根据表 4-2 配齐元器件，检查元器件的规格是否符合要求，检测元器件的质量是否完好。

（2）固定元器件。按照元器件规划位置，安装 DIN 导轨及走线槽，固定元器件。

（3）配线安装。根据配线原则及工艺要求，对照原理图进行配线安装。主回路采用 1.5mm² 蓝色导线，控制回路采用 1mm² 黑色导线。除注明外，控制回路导线采用数字序号统一编号。电源进线及电机均通过一次回路接线端子 TX1 后与主板相接，输入控制按钮通过二次回路接线端子 TX2 与主板相接。

3．自检

（1）检查布线。对照原理图检查是否掉线、错线，是否漏编、错编，接线是否牢固等。

（2）使用万用表检测。使用万用表检测安装的电路，应按先一次主回路，后二次控制回路的顺序进行。

主回路重点检测 L1、L2、L3 之间的电阻值，在断路器断开及接触器处常态时，阻值均为无穷大；断路器接通并压下接触器时，为电机绕组阻值（零点几至几欧）。控制回路检测时，应重点检查 PLC 配线是否正确，输入回路及输出回路之间是否可靠隔离。

4．编辑控制程序

在装有 STEP7-Micro/WIN V4.0 SP6 编程软件的个人电脑上编辑 PLC 控制程序，编译后保存为"*.mwp"文件备用。图 4-11（a）是三相异步电动机通用型 Y-△降压启动 PLC 控制梯形图程序，图 4-11（b）是与之对应的指令表程序。

网络1

```
        I0.1      I0.2      I0.0      I0.3      M0.0
   ─────┤├───────┤/├────┬──┤/├───────┤/├───────( )─────

        M0.0              │
   ─────┤├───────────────┘
```

网络2

```
        M0.0      T37      Q0.2      Q0.1
   ─────┤├───┬────┤/├──────┤/├───────( )─────
            │
            │     Q0.1      Q0.0
            ├─────┤├───┬────( )─────
            │         │
            │    Q0.0  │
            ├─────┤├───┘
            │
            │     Q0.2           ┌─────T37─────┐
            ├─────┤/├────────────┤IN      TON  │
            │                    │             │
            │               +100─┤PT    100~   │
            │                    └─────────────┘
            │
            │     T37            ┌─────T38─────┐
            ├─────┤├─────────────┤IN      TON  │
            │                    │             │
            │                 +5─┤PT    100~   │
            │                    └─────────────┘
            │
            │     T38      Q0.0      Q0.1      Q0.2
            └─────┤├───┬───┤├────────┤/├───────( )─────
                      │
                 Q0.2 │
                 ─┤├──┘
```

网络1	
LD	I0.1
AN	I0.2
O	M0.0
AN	I0.0
AN	I0.3
=	M0.0

网络2	
LD	M0.0
LPS	
AN	T37
AN	Q0.2
=	Q0.1
LRD	
LD	Q0.1
O	Q0.0
ALD	
=	Q0.0
LRD	
LPS	
AN	Q0.2
TON	T37，+100
LPP	
A	T37
TON	T38，+5
LPP	
LD	T38
O	Q0.2
ALD	
A	Q0.0
AN	Q0.1
=	Q0.2

(a) 梯形图程序   (b) 指令表程序

图 4-11 改进型 Y-△降压启动 PLC 控制程序

编程元件的地址分配如下。

① 输入输出继电器地址分配如表 4-7 所示。

表 4-7 输入输出继电器的地址分配

编程元件	I/O 端子	电路器件	作 用
输入继电器	I0.0	SB1	停止按钮
	I0.1	SB2	启动按钮
	I0.2	KM3	动合触点
	I0.3	FR	动合触点

续表

编程元件	I/O端子	电路器件	作　用
输出继电器	Q0.0	KA1	主控接触器线圈控制
	Q0.1	KA2	星形连接用接触器线圈控制
	Q0.2	KA3	三角形连接用接触器线圈控制

② 其他编程元件地址分配如表4-8所示。

表4-8　其他编程元件的地址分配

编程元件	编程地址	PT值	作　用
定时器（100ms通用型）	T37	50	星形连接时间设定（5s）
	T38	5	消除电弧短路时间设定（0.5s）
位存储器	M0.0	—	启动自锁

在改进型 Y-△降压启动 PLC 控制程序梯形图中，与输入信号 KM3 触点对应的动断触点 I0.2 串接于与启动按钮 SB2 对应的动合触点 I0.1 之后，构成启动条件，也称启动自锁。当接触器 KM3 发生故障，例如主触点灼伤粘连或衔铁卡死断不开时，输入端 KM3 触点就处于闭合状态，相应的触点 I0.2 则为断开状态，这时即使按下启动按钮 SB2（I0.1 闭合），M0.0 也不会有输出，系统不能进入运行状态，作为负载的 KM1 就无法通电动作，从而有效防止了电动机出现三角形直接全压启动的情况。

定时器 T37 延时 10s，为星形启动所需的时间；定时器 T38 延时 0.5s，用以消除电弧短路。在梯形图中还设置了 Q0.1 和 Q0.2 之间的软互锁，电动机在全压正常运行时，T37、T38 和 Q0.1 都停止工作，只有 Q0.0 和 Q0.2 有输出，保证外电路只有 KM1 和 KM3 通电工作。

比较任务一及任务二的两种程序设计结构，前者使用的是简单启-保-停编程方法，后者使用了 S7-200 系列 PLC 的堆栈操作指令。在具有多种工作模式的控制系统中，如需要进行手动与自动模式编程时，堆栈操作指令可使程序结构大为简化。

5. 程序下载

① 在 PLC 断电状态下，用 USB/PPI 电缆连接电脑与 S7-200 CPU224 AC/DC/RLY 型 PLC。

② 合上控制电源开关 QS，将运行模式选择开关拨到 STOP 位置，通过软件将编制好的控制程序下载到 PLC。

注意：一定要在断开 QS 的情况下插拔适配电缆，否则极易损坏 PLC 通信接口。

6. 运行改进型 Y-△降压启动 PLC 控制程序

① 将运行模式选择开关拨到 RUN 位置，使 PLC 进入运行方式。

② 根据任务分析要求，操作 SB1、SB2 等按钮，观察接触器 KM1、KM2、KM3 的工作状态及电动机 M 工作情况。

③ 在正常运行状态下，按下热保护继电器 FR 的试验按钮，系统应全部复位。

④ 在复位状态下，用绝缘工具压下 KM3 的衔铁机构，按 SB2，系统不能启动。

满足上述控制要求即表明程序运行正常。

【课后思考】

1. 图 4-6 所示控制电路中，如果电机过载，FR 触点动作，系统有何变化？PLC 有无反应？与任务一有何区别？

2. 图 4-7 所示 Y-△形降压启动 PLC 控制程序中，T37 的作用是什么？其值是否越大越好？

3. 图 4-10 所示控制电路中，KM1、KM2、KM3 分别是什么型号？CJX2-1210/220V 与 CJX2-1201/220V 有什么区别？

任务三　PLC-软启动器降压启动控制

【任务目标】

1. 会设计并绘制软启动器降压启动电路原理及安装图。
2. 会安装及检测 PLC-软启动器降压启动电路。
3. 能根据软启动器使用说明书正确设置其运行模式及运行参数。
4. 学习编制 PLC-软启动器降压启动应用程序，并正确完成下载、运行、调试及监控。

【任务分析】

用 S7-200 CPU224 AC/DC/RLY 型 PLC、NJR2-7.5D 软启动器、按钮、热继电器和接触器等构成 PLC 软启动器降压启动电路。控制要点是一拖二，即用一台软启动器控制两台电动机 M1 及 M2 的启动及停止。由于软启动器产品仅用在大容量场所，所选 NJR2-7.5D 额定负载为 7.5kW。为任务实施方便，电机仍采用 0.75kW 实验电机，主回路电气元件按实验电机选型。PLC 控制部分硬件布局如图 4-12 所示。

系统控制要求如下。

1. M1 软启动

按下启动按钮 SB2，电动机 M1 通过软启动器与电网相连，降压启动。其工作电压由低到高逐步提升，电机加速运转。

2. 全压运行

软启动结束后，旁路接触器通电工作，M1 全压运行。

3. M2 软启动

按下启动按钮 SB4，电动机 M2 通过软启动器与电网相连，降压启动。其工作过程同 M1。

4. 停止控制

按下停止按钮 SB1，电动机 M1 停止运转。按下停止按钮 SB3，电动机 M2 停止运转。

图 4-12　PLC 控制部分硬件布局（不含 NJR2-7.5D）

5. 互锁控制

软启动器只能对一台电机实施软启动。当其中一台处于启动状态时，另一台无法启动，且要求两台电机的启动间隔时间为 2min。

6. 保护措施

系统具有必要的过载保护和短路保护。

【相关知识】

软启动方式通过控制串接于电源与被控电动机之间的三相反并联晶闸管的导通角，使电动机的端子电压从预先设定的值上升到额定电压，以达到电动机在启动过程中减小电流平稳启动的目的，属于降压启动的范畴。在实现三相交流异步电动机（鼠笼式）的软启动、软停止功能的同时，软启动器还具有过载、输入缺相、输出缺相、工艺过流、工艺欠流、过电压、欠电压等多项可选保护功能。图 4-13 是软启动器在污水处理系统中的应用实例图。

1. 软启动器基本接线原理

软启动器基本接线原理如图 4-14 所示。利用晶闸管的电子开关作用，通过微处理器控

图 4-13　软启动器应用实例图

制触发角的变化来改变晶闸管的导通角，由此来改变电动机输入电压的大小，以达到电动机的软启动目的。当启动完成后，软启动器输出达到额定电压，这时控制三相旁路接触器吸合，将电动机投入电网运行，晶闸管停止工作。使用时应注意如下几点。

（1）K3 故障继电器在软启动器断电状态下是常闭的，上电后如没有故障，是常开的，有故障时是闭合的。

（2）当用外部端子控制时，上电后必须检测到 RUN 端子信号由断开变成闭合时才会启动软启动器。

（3）外接旁路接触器时，必须要求接触器每一极的输入 U1、V1、W1 与输出 U、V、W 一一对应，如果接线不正确，软启动器在切至旁路时会造成电源短路，以致烧坏整个系统。

2. NJR2 系列软启动器接线端子定义

（1）主电路端子定义。主电路端子定义见表 4-9。

图 4-14　软启动器基本接线原理

表 4-9　主电路端子定义

R、S、T	三相交流电源输入端子
U1、V1、W1	旁路接触器输入主端子
U、V、W	旁路接触器输出主端子，接至电动机

（2）控制端子定义。控制端子定义见表 4-10。

表 4-10　控制端子定义

开关量	端子代号	功　能	说　　明
输入	RUN	运行端子	与 COM 端子可进行两线、三线控制
	STOP	停止/复位端子	
	X1、X2	备用	
	X3	瞬停端子	出厂时与 COM 端子短接；当该端子断开时，停止输出，并且报"瞬停端子开路"故障
	COM	开关量公共端	

续表

开关量	端子代号	功 能	说 明
电源	24V	24V 电源	对 COM 端输出 24V/50mA 电源
模拟量	AO	模拟输出	4 倍额定电流对应输出 20mA
	A1	备用	
	GND	模拟量公共端	
继电器 输出	K1	旁路继电器	控制旁路接触器,触点容量 5A,250V AC
	K2	可编程继电器	
	K3	故障继电器	当有故障时该继电器动作
通信接口	A、B	RS485 通信端口	

3. 软启动器的控制模式

用户可根据需要,通过软启动器面板设置操作控制方式。只有外部端子控制允许时,输入端子 RUN、STOP 与 COM 之间的开关状态才有效。此时,外控方式有两线控制方式和三线控制方式,具体接法如图 4-15 所示。

图 4-15 两线控制方式和三线控制方式

(1) 两线控制。如图 4-15(a) 所示,当 KA1 在常闭状态时,KA2 闭合时运行,KA2 断开时停止。断开 KA1 后瞬停。如果不需要瞬停控制,X3 应与 COM 端子短接。

(2) 三线控制。如图 4-15(b) 所示,当 KA1 在常闭状态时,按下 SB2 时运行,按下 SB1 后停止。断开 KA1 后瞬停。

4. NJR2 系列软启动器的典型应用线路

图 4-16 给出了 NJR2 系列软启动器的典型应用线路。KA1 闭合时启动,断开时停止;如果按三线制控制方式,此接线方式可省去 KA1 中间继电器。

此外,由于软启动器中旁路继电器 K1 最大输出能力只有 8～10A,不能直接控制大功率的交流接触器,对于大于 167A 的交流接触器,建议用中间继电器。FR 热保护继电器可不加(软启动本身有过载保护功能)。

5. 断电延时编程

S7-200 系列 PLC 中的定时器有通电延时、记忆通电延时、断电延时三种类型。通电延时型的功能是:当输入条件满足时,定时器计时,计时时间到时,触点动作;输入断开时,定时器复位,所有触点均恢复为常态。如果需要,也可以采用通电延时型定时器进行断电延时编程。断电延时编程原理如图 4-17 所示。

当 I0.2 为 ON 时,其动合触点闭合,位存储器 M1.0 接通延时电路并自保持,但定时器 T37 却不能接通。只有当 I0.2 断开后,且断开时间达到设定值 PT=1200 时,M1.0 才由

图 4-16　NJR2 系列软启动器的典型应用线路

(a) 梯形图　　　　　　　　　　　　　　　(b) 时序图

图 4-17　断电延时编程原理

ON 变为 OFF，实现了断电延时功能。

【操作指导】

1. 绘制控制原理图及接线图

根据学习任务绘制控制电路原理图，见图 4-18。

2. 安装电路

（1）检查元器件。根据表 4-1 配齐元器件，检查元器件的规格是否符合要求，检测元器

图 4-18　PLC-软启动器一拖二降压启动电路图

件的质量是否完好。

（2）固定元器件。按照元器件规划位置，安装 DIN 导轨及走线槽，固定元件。

（3）配线安装。根据配线原则及工艺要求，对照原理图进行配线安装。

3．自检

（1）检查布线。对照原理图检查是否掉线、错线，是否漏编、错编，接线是否牢固等。

（2）使用万用表检测。使用万用表检测安装的电路，应按先一次主回路，后二次控制回路的顺序进行。

主回路重点检测 L1、L2、L3 至接触器每一极的输入及软启动器 R、S、T 是否一一对应，接触器输出与软启动器 U、V、W 是否一一对应。

控制回路检测时，应重点检查 PLC 配线中的输入回路 K1 及输出元件 KA 接法是否正确，输入回路及输出回路之间是否可靠隔离。

4．控制程序编制

PLC-软启动器一拖二降压启动电路控制程序，其梯形图程序及指令表如图 4-19 所示。编程元件的地址分配如下。

网络1

```
    I0.2      I0.1      M2.0      T37       M1.0
   ──┤├──┬──┤/├──────┤/├──────┤/├──────(  )
    M1.0  │                              I0.2            T37
   ──┤├───┘                            ──┤/├────┤IN    TON
                                       1200─┤PT   100~
```

网络2

```
    I0.2      I0.1      M2.0      Q0.2      Q0.3      Q0.1
   ──┤├──┬──┤/├──────┤/├──────┤/├──────┤/├──────(  )
    Q0.1  │
   ──┤├───┘
```

网络3

```
    Q0.1      I0.0              I0.1      Q0.2
   ──┤├──────┤├────┬────────┤/├──────(  )
    Q0.2            │
   ──┤├─────────────┘
```

网络4

```
    I0.4      I0.3      M1.0      T38       M2.0
   ──┤├──┬──┤/├──────┤/├──────┤/├──────(  )
    M2.0  │                              I0.4            T38
   ──┤├───┘                            ──┤/├────┤IN    TON
                                       1200─┤PT   100~
```

网络5

```
    I0.4      I0.3      M1.0      Q0.1      Q0.4      Q0.3
   ──┤├──┬──┤/├──────┤/├──────┤/├──────┤/├──────(  )
    Q0.3  │
   ──┤├───┘
```

网络6

```
    Q0.3      I0.0              I0.3      Q0.4
   ──┤├──────┤├────┬────────┤/├──────(  )
    Q0.4            │
   ──┤├─────────────┘
```

网络7

```
    Q0.1      Q0.0
   ──┤├──┬──(  )
    Q0.3  │
   ──┤├───┘
```

(a) 梯形图

网络1

```
LD    I0.2
O     M1.0
AN    I0.1
AN    M2.0
AN    T37
=     M1.0
AN    I0.2
TON   T37，+1200
```

网络2

```
LD    I0.2
O     Q0.1
AN    I0.1
AN    M2.0
AN    Q0.2
AN    Q0.3
=     Q0.1
```

网络3

```
LD    Q0.1
A     I0.0
O     Q0.2
AN    I0.1
=     Q0.2
```

网络4

```
LD    I0.4
O     M2.0
AN    I0.3
AN    M1.0
AN    T38
=     M2.0
AN    I0.4
TON   T38，+1200
```

网络5

```
LD    I0.4
O     Q0.3
AN    I0.3
AN    M1.0
AN    Q0.1
AN    Q0.4  ·
=     Q0.3
```

网络6

```
LD    Q0.3
A     I0.0
O     Q0.4
AN    I0.3
=     Q0.4
```

网络7

```
LD    Q0.1
O     Q0.3
=     Q0.0
```

(b) 指令表

图 4-19　PLC-软启动器一拖二降压启动控制程序

① 输入输出继电器地址分配见表 4-11。

表 4-11　输入输出继电器的地址分配

编程元件	I/O 端子	电路器件	作　　用
输入继电器	I0.0	RQ 输出触点 K1	软启动
	I0.1	SB1	M1 停止按钮
	I0.2	SB2	M1 启动按钮
	I0.3	SB3	M2 停止按钮
	I0.4	SB4	M2 启动按钮
	I0.5	FR1	M1 过载保护
	I0.6	FR2	M1 过载保护
输出继电器	Q0.0	KA	软启动控制
	Q0.1	KM1	M1 软启动
	Q0.2	KM2	M1 全压运行
	Q0.3	KM3	M2 软启动
	Q0.4	KM4	M2 全压运行

② 其他编程元件地址分配如表 4-12 所示。

表 4-12　其他编程元件的地址分配

编程元件	编程地址	PT 值	作　　用
定时器(100ms 通用型)	T37	1200	时间设定(120s)
	T38	1200	时间设定(120s)
位存储器	M1.0	—	—
	M2.0	—	—

5. 程序下载

① 在 PLC 断电状态下，用 USB/PPI 电缆连接电脑与 S7-200 CPU224 AC/DC/RLY 型 PLC。

② 合上控制电源开关 QS，将运行模式选择开关拨到 STOP 位置，通过软件将编制好的控制程序下载到 PLC。

注意：一定要在断开 QS 的情况下插拔适配电缆，否则极易损坏 PLC 通信接口。

6. 通电运行调试

操作 SB1、SB2，SB3、SB4，观察是否满足任务要求。在监视模式下对比观察各编程元件及输出设备运行情况，并做好记录。

【课后思考】

1. 软启动器中有热过载保护元件，图 4-16 及图 4-18 中的热过载继电器是否均可以省去不接？

2. 软启动器是否适用于重载启动场合？

3. 图 4-18 中，KM1 与 KM2 之间是否需要互锁控制？如两者意外同时吸合，系统有无危险？

考 核 评 价

考核评价见表 4-13。

表 4-13 考核评价表

考核项目	考核要求	配分	评分标准	(按任务)评分		
				一	二	三
元器件安装	1. 合理布置元件； 2. 会正确固定元件	10	1. 元件布置不合理每处扣 3 分； 2. 元件安装不牢固每处扣 5 分； 3. 损坏元件每处扣 5 分			
线路安装	1. 按图施工； 2. 布线合理、接线美观； 3. 布线规范、无线头松动、压皮、露铜及损伤绝缘层	40	1. 接线不正确扣 30 分； 2. 布线不合理、不美观每根扣 3 分； 3. 走线不横平竖直每根扣 3 分； 4. 线头松动、压皮、露铜及损伤绝缘层每处扣 5 分			
编程下载	1. 正确输入梯形图； 2. 正确保存文件； 3. 会转换梯形图； 4. 会传送程序	30	1. 不能设计程序或设计错误扣 10 分； 2. 输入梯形图错误一处扣 2 分； 3. 保存文件错误扣 4 分； 4. 转换梯形图错误扣 4 分； 5. 传送程序错误扣 4 分			
通电试车	按照要求和步骤正确检查、调试电路	20	通电调试不成功，每次扣 5 分			
安全生产	自觉遵守安全文明生产规程		发生安全事故,0 分处理			
时间	5h		1. 提前正确完成,每 10 分钟加 5 分； 2. 超过定额时间,每 5 分钟扣 2 分			
综合成绩(此栏由指导教师填写)						

习　　题

1. 根据图 4-20 所示四种波形，设计相应的 PLC 控制梯形图。

2. 设计彩灯控制的 PLC 系统，控制要求如下：

（1）使用一个按钮 SB 作为彩灯启动按钮。

（2）按下启动按钮 SB，依次输出 Q0.0～Q0.3，彩灯 HL0～HL3 按间隔 1s 依次点亮。

（3）至彩灯 HL0～HL3 全部点亮时，继续维持 3s，此后它们全部熄灭。

（4）彩灯熄灭后，HL0～HL3 同时开始闪烁，灭 0.5s，亮 0.5s，闪烁状态维持 5s，然后再自动重复下一轮循环。

3. 喷水池花式喷水控制程序设计，其设计要求如下：

（1）喷水池中央为高水柱喷嘴，周围为低水柱开花式喷嘴。

图 4-20　题 1 的图

（2）按启动按钮，喷水开始，其工作过程为：高水柱喷 3s 停 1s，低水柱喷 2s 停 1s，双水柱喷 1s 停 1s，如此循环工作。

（3）按下停止按钮，停止工作。

4．如果要实现一拖三的降压软启动控制，PLC 应如何编程？

数字量控制系统的4种编程方法及应用

【项目描述】

教师根据学生掌握电气及 PLC 基本技能的熟练程度，结合器材准备情况，将全班同学按项目任务分成相应的 4 个大组，每个大组包含若干个学习小组，各小组成员以 2 至 3 名为宜。除相关知识讲授及集中点评外，4 个学习任务可分散同步进行。每一个小组可选择其中两个学习任务进行操作训练。建议完成时间为 14 学时，其中任务一相关知识讲授约 0.5 学时，分组操作训练 5 学时，教师集中点评 0.5 学时，任务二、任务三和任务四相关知识讲授约 1 学时，分组操作训练 4.5 学时，教师集中点评 0.5 学时。

【工具设备】

表 5-1 列出了学习所需的全部工具、设备。根据所选学习任务的不同，各小组领用器材略有区别，详见表中备注。

表 5-1　工具、设备清单

分类	名称	型号规格	数量	单位	备注
任务一设备	PLC	S7-200 CPU224 AC/DC/RLY	1	台	
	编程电缆	PC/PPI 或 USB/PC/PPI	1	根	
	断路器(带漏电保护)	DZ47-63 C10LE/3P＋N	1	只	
	断路器	DZ47-63 C10/3P	3	只	
	熔断器	RT18-32/6A	9	套	
	熔断器	RT18-32/2A	1	套	
	交流接触器	CJX2-1210,220V	3	台	
	热继电器	NR2-25 1.6～2.5A	3	台	
	按钮	NP2-BA31	1	只	
	按钮	NP2-BA42	1	只	
	指示灯	ND16-22BS/2-24V(绿)	3	只	
	控制变压器	BK-25　220V/24V	1	台	
	三相异步电动机	0.75kW,380V/△连接	3	台	
任务二设备	PLC	S7-200 CPU224 AC/DC/RLY	1	台	
	编程电缆	PC/PPI 或 USB/PC/PPI	1	根	
	断路器(带漏电保护)	DZ47-63 C10LE/3P＋N	1	只	

续表

分类	名称	型号规格	数量	单位	备注
任务二设备	熔断器	RT18-32/6A	3	套	
	熔断器	RT18-32/2A	1	套	
	交流接触器	CJX2-1201,220V	2	台	
	热继电器	NR4-63 1.6~2.5A	1	台	
	按钮	NP2-BA31	1	只	
	行程开关	—	2	只	
	三相异步电动机	0.75kW,380V/△连接	1	台	
任务三设备	PLC	S7-200 CPU224 AC/DC/RLY	1	台	
	编程电缆	PC/PPI 或 USB/PC/PPI	1	根	
	断路器(带漏电保护)	DZ47-63 C10LE/3P+N	1	只	
	熔断器	RT18-32/6A	3	套	
	熔断器	RT18-32/2A	1	套	
	交流接触器	CJX2-1201,220V	2	台	
	热继电器	NR4-63 1.6~2.5A	1	台	
	主令开关	NP2-BD21	1	只	
	三相异步电动机	0.75kW,380V/△连接	1	台	
任务四设备	PLC	S7-200 CPU224 AC/DC/RLY	1	台	
	编程电缆	PC/PPI 或 USB/PC/PPI	1	根	
	断路器(带漏电保护)	DZ47-63 C10LE/1P+N	1	只	
	熔断器	RT18-32/2A	1	套	
	主令开关	NP2-BD21	1	只	
	指示灯	NP2-ND16-22BS/2-220V(红)	1	只	
	指示灯	NP2-ND16-22BS/2-220V(绿)	1	只	
工具及器材	编程电脑	配备相应软件	1	台	工具及器材适用于所有学习任务;按钮盒用于任务二和三;按钮安装支架用于任务一和四
	常用电工工具	—	1	套	
	万用表	MF47	1	只	
	主回路端子板	TD-20/10	1	条	
	控制回路端子板	TD-15/10	1	条	
	三相四线电源插头(带线)单相电源插头(带线)	16A	各1	根	
	安装板	500mm×600mm×1.5mm 金属网孔板	1	块	
	按钮安装支架(非标)	170mm×170mm×70mm	1	个	
	按钮盒	BX-1	1	Wh	
	DIN 导轨	35mm	0.5	m	
	走线槽	TC4035	若干	m	
	控制回路导线	BVR 1mm² 红色	若干	m	
	主回路导线	BVR 1.5mm² 黑色	若干	m	
	尼龙绕线管	φ8mm	若干	m	
	螺钉	—	若干	颗	
	号码管、编码笔	—	若干	支	

任务一　采用"经验"编程法实现皮带运输机的顺序控制

【任务目标】

1. 进一步学习各种位控指令的编程技巧。
2. 掌握"经验"编程法的运用法则，并能由此正确设计一般顺序控制应用程序。
3. 理解并掌握 PLC 输出继电器分组使用时，多个输出公共端子的作用。

【任务分析】

皮带运输机的 3 条输送带分别由 3 台电动机 M1、M2、M3 驱动，如图 5-1 所示。图 5-2 为控制时序图。

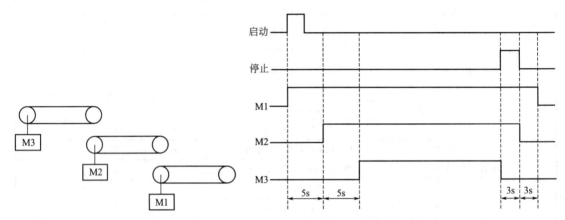

图 5-1　皮带运输机工作示意图　　　　图 5-2　皮带运输机顺序控制时序

皮带运输机控制电路硬件布局见图 5-3。系统设总隔离开关 QS，每台电机的主电路由断路器（QS1～QS3）、熔断器（FU1～FU3）、接触器（KM1～KM3）的常开主触点、热继电器（FR1～FR3）的热元件以及电动机组成。控制电路由熔断器 FU0、控制变压器 TC、PLC、停止按钮 SB1、启动按钮 SB2、接触器线圈及热继电器的常闭触点、电机工作指示灯 HL1～HL3 等构成。三相实验电机与电路板通过端子板 TX1 相连。按钮及指示灯在专用支架上安装好后，经端子板 TX2 后再接入电路板。控制要求如下。

1. 启动控制

按启动按钮 SB2 后，启动顺序为 M1、M2、M3，间隔时间为 5s。

2. 停止控制

按停止按钮 SB1 后，停车时的顺序为 M3、M2、M1，间隔时间为 3s。

3. 工作指示

3 台电动机 M1、M2、M3 分别通过接触器 KM1、KM2、KM3 接通三相交流电源，用 PLC 控制接触器的线圈（额定电压 AC220V），同时用 HL1、HL2、HL3（额定电压 AC24V）作运行指示。指示灯工作电源由控制变压器 TC 提供。

图 5-3　皮带运输机控制电路硬件布局

4. 保护措施

系统具有必要的过载保护和短路保护。

【相关知识】

1. "经验"编程法的设计基础

前述各项目中的控制实例编程时采用的方法都为"经验"编程法，也就是依据编程者的设计经验进行编程的方法，它主要基于以下几点。

(1) PLC 的编程，从梯形图来看，其根本点是找出符合控制要求的系统各个输出的工作条件，这些条件又总是用机内各种器件按一定的逻辑关系组合来实现的。

(2) 梯形图的基本模式为启-保-停电路模式。每个启-保-停电路一般只针对一个输出，这个输出可以是系统的实际输出，也可以是中间变量。

(3) 梯形图编程中有一些约定俗成的基本环节，它们都有一定的功能，可以在许多地方借以应用。

2. "经验"编程法的编程步骤

现将"经验"编程法编程步骤总结如下。

（1）在准确了解控制要求后，合理地为控制系统中的事件分配输入输出端。选择必要的机内器件，如定时器、计数器、辅助继电器。

（2）对于一些控制要求较简单的输出，可直接写出它们的工作条件，依启-保-停电路模式完成相关的梯形图支路。工作条件稍复杂的可借助辅助继电器。

（3）对于较复杂的控制要求，为了能用启-保-停电路模式绘出各输出端的梯形图，要正确分析控制要求，并确定组成总的控制要求的关键点。在空间类逻辑为主的控制中，关键点为影响控制状态的点。在时间类逻辑为主的控制中，关键点为控制状态转换的时间。

（4）将关键点用梯形图表达出来。关键点总是用机内器件来代表的，应考虑并安排好。绘关键点的梯形图时，可以使用常见的基本环节，如计时环节、振荡环节、分频环节等。

（5）在完成关键点梯形图的基础上，针对系统最终的输出进行梯形图的编绘。使用关键点综合出最终输出的控制要求。

（6）审查以上草绘图纸，在此基础上，补充遗漏的功能，更正错误，进行最后的完善。

采用"经验"编程法编程时，通常沿用设计继电器电路图的方法来设计比较简单的数字量控制系统梯形图，即在一些典型电路的基础上，根据被控对象对控制系统的具体要求，不断地修改和完善梯形图。有时需要多次反复地调试和修改梯形图，增加一些中间编程元件和触点，最后才能得到一个较为满意的结果。在设计过程中如发现初步的设计构想不能实现控制要求时，可换个角度试一试。当设计经历多起来时，采用经验"编程法"就会得心应手了。

需要说明的是，"经验"编程法没有普遍的规律可以遵循，具有很大的试探性和随意性，最后的结果不是唯一的，编程所用的时间、程序编制的质量与设计者的经验有很大的关系，所以称之为"经验"编程法。它一般只适用于较简单的梯形图的设计。

3. "经验"编程法设计实例

三相绕线式异步电动机可以通过滑环在转子绕组中串接外加电阻来减小启动电流，提高转子电路的功率因数，增加启动转矩，并且还可通过改变所串的电阻大小进行调速。图 5-1 是某三相绕线式异步电动机主回路和自动加速的继电器控制电路图。

串接在三相转子绕组中的启动电阻一般都接成 Y 形，如图 5-4（a）所示。当主接触器 KM 闭合时，电机开始低速运行，启动电阻 R1、R2、R3 全部接入，以减小启动电流，保持较高的启动转矩。随着启动过程的进行，按下 SB1，加速开始，KM1、KM2、KM3 依次吸合，启动电阻被逐段短接。启动完毕时，启动电阻全部被切除，电动机在额定转速下运行。图 5-4（b）给出的是自动加速的继电器控制电路，主接触器 KM 的控制电路图中未给出。

图 5-5 是实现三相绕线式异步电动机自动加速功能的 PLC 控制系统的外部接线图和梯形图。

继电器电路图中的交流接触器和电磁阀等执行机构如采用 PLC 的输出位来控制，它们的线圈接在 PLC 的输出端。按钮、控制开关、限位开关、光电开关等用来给 PLC 提供控制命令和反馈信号，它们的触点接在 PLC 的输入端，一般使用常开触点。继电器电路图中的中间继电器和时间继电器［如图 5-4（b）中的 KA、KT1 和 KT2］的功能用 PLC 内部的存储器位和定时器来完成，它们与 PLC 的输入位、输出位无关。

时间继电器 KT2 的触点是瞬动触点，即该触点在 KT2 的线圈通电的瞬间接通。在梯形图中，在与 KT2 对应的 T38 功能块的输入端并联有 M0.2 的线圈，用 M0.2 的常开触点来模拟 KT2 的瞬动触点。

(a) 主回路　　　　　　　　　　　(b) 自动加速继电器控制电路

图 5-4　三相绕线式异步电动机主回路和自动加速继电器控制电路

(a) 可编程序控制器的外部接线　　　　　　　　　(b) 梯形图

图 5-5　三相绕线式异步电动机自动加速的 PLC 控制系统的接线图和梯形图

4. 注意事项

在编程时应注意梯形图与继电器电路图的区别。梯形图是一种软件，是 PLC 图形化的程序。在继电器电路图中，各继电器可以同时动作，而 PLC 的 CPU 是串行工作的，即 CPU 同时只能处理 1 条指令。根据继电器电路图设计 PLC 的外部接线图和梯形图时应注意以下问题。

（1）应遵守梯形图语言中的语法规定。在继电器电路图中，触点可以放在线圈的左边，也可以放在线圈的右边，但是在梯形图中，线圈必须放在电路的最右边。

对于图 5-4（b）中控制 KM1 和 KT1 线圈那样的电路，即两条包含触点和线圈的串联电路并联，如果用语句表编程，需使用逻辑入栈（LPS）、逻辑读栈（LRD）和逻辑出栈（LPP）指令。可以将各线圈的控制电路分开来设计，以简化程序结构，若直接用梯形图语言编程，可以不考虑这个问题。

（2）设置中间单元。在梯形图中，若多个线圈都受某一触点串并联电路的控制，为了简化电路，在梯形图中可以设置用该电路控制的存储器位［例如图 5-5（b）中的 M0.1］，它类似于继电器电路中的中间继电器。

（3）尽量减少 PLC 的输入信号和输出信号。PLC 的价格与 I/O 点数有关，每一输入信号和每一输出信号分别要占用一个输入点和一个输出点，因此减少输入信号和输出信号的点数是降低硬件费用的主要措施。

与继电器电路不同，PLC 一般只需要同一输入器件的一个常开触点提供输入信号，在梯形图中，可以多次使用同一输入位的常开触点和常闭触点。

在继电器电路图中，如果几个输入器件触点的串并联电路总是作为一个整体出现，可以将它们作为 PLC 的一个输入信号，只占 PLC 的一个输入点。

某些器件的触点如果在继电器电路图中只出现一次，并且与 PLC 输出端的负载串联（例如有锁存功能的热继电器的常闭触点），不必将它们作为 PLC 的输入信号，可以将它们放在 PLC 外部的输出回路，仍与相应的外部负载串联。

继电器控制系统中某些相对独立且比较简单的部分，可以用继电器电路控制，这样同时减少了所需的 PLC 的输入点和输出点。

（4）设立外部联锁电路。为了防止控制正反转的两个接触器同时动作造成三相电源短路，应在 PLC 外部设置硬件联锁电路。图 5-4 中，KM1～KM3 的线圈不能同时通电，除了在梯形图中设置与它们对应的输出位的线圈串联的常闭触点组成的联锁电路外，还在 PLC 外部设置了硬件联锁电路。

（5）梯形图的优化设计。为了减少语句表指令的指令条数，在串联电路中单个触点应放在右边，在并联电路中单个触点应放在下面。在图 5-5（b）所示梯形图的 Q0.3 的控制电路中，并联电路被放在电路的最左边。

（6）外部负载的额定电压。PLC 的继电器输出模块和双向晶闸管输出模块只能驱动额定电压 AC 220V 的负载，如果系统原来的交流接触器的线圈电压为 380V，应将线圈换成 220V 的，或设置外部中间继电器。

【操作指导】

1. 绘制控制电路原理图

根据学习任务绘制控制电路原理图，系统采用 S7-200 CPU224 AC/DC/RLY 型 PLC，

其 I/O 接线如图 5-6 所示。

图 5-6　皮带运输机顺序控制的 I/O 接线图

　　PLC 输出端子是分组使用的，每组共用一个公共端。在图 5-6 所示皮带运输机顺序控制的 I/O 接线图中，第一组采用 AC 220V 电源供电，相线由公共端"1L"引入，负载为三台电机的主控接触器电磁线圈；第二组采用控制变压器 TC 提供的 AC 24V 电源供电，由公共端"2L"引入，负载为三台电机的运行指示灯。

2.安装电路

　　(1) 检查元器件。根据表 5-1 配齐元器件，检查元器件的规格是否符合要求，检测元器件的质量是否完好。

　　(2) 固定元器件。按照元器件规划位置，安装 DIN 导轨及走线槽，固定元器件。

　　(3) 配线安装。根据配线原则及工艺要求，对照原理图进行配线安装。主回路采用 1.5mm² 蓝色导线，控制回路采用 1mm² 黑色导线。除注明外，控制回路导线采用数字序号统一编号，电源进线及电机均通过一次回路接线端子 TX1 后与主板相接，输入控制按钮及电机运行指示灯通过二次回路接线端子 TX2 与主板相接。

3.自检

　　(1) 检查布线。对照原理图检查是否掉线、错线，是否漏编、错编，接线是否牢固等。

　　(2) 使用万用表检测。使用万用表检测安装的电路，应按先一次主回路，后二次控制回路的顺序进行。主回路重点检测 L1、L2、L3 之间的电阻值，检查时应从 M1 至 M3 逐一进行，在断路器断开及接触器处常态时，阻值均为无穷大；断路器接通并压下接触器时，为电机绕组阻值（零点几欧姆至几欧姆）。

　　控制回路检测时，应重点检查 PLC 配线是否正确，控制变压器接线是否正确。

4．编辑控制程序

在装有 STEP7-Micro/WIN V4.0 SP6 编程软件的个人电脑上编辑 PLC 控制程序，编译后保存为"＊.mwp"文件备用。图 5-7(a) 是皮带运输机顺序控制梯形图程序，图 5-7(b) 是与之对应的指令表程序。

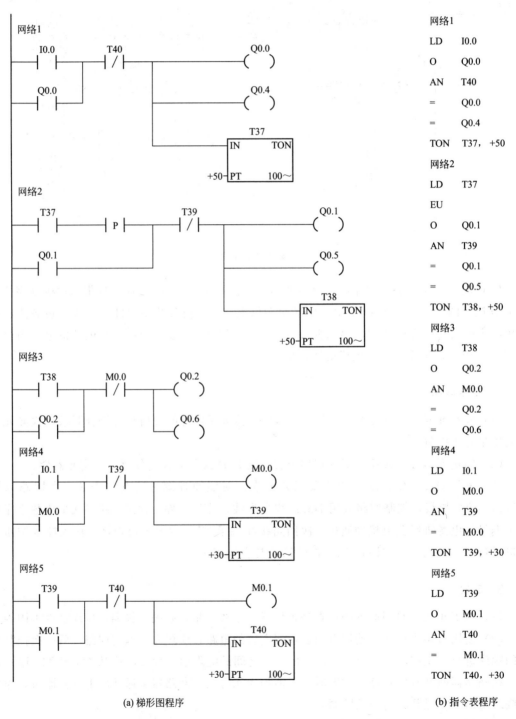

(a) 梯形图程序

网络1
LD   I0.0
O   Q0.0
AN   T40
=   Q0.0
=   Q0.4
TON   T37, +50

网络2
LD   T37
EU
O   Q0.1
AN   T39
=   Q0.1
=   Q0.5
TON   T38, +50

网络3
LD   T38
O   Q0.2
AN   M0.0
=   Q0.2
=   Q0.6

网络4
LD   I0.1
O   M0.0
AN   T39
=   M0.0
TON   T39, +30

网络5
LD   T39
O   M0.1
AN   T40
=   M0.1
TON   T40, +30

(b) 指令表程序

图 5-7　皮带运输机顺序控制梯形图及指令表程序

输入输出继电器地址分配如表 5-2 所示。

表 5-2　输入输出继电器地址分配

编程元件	I/O 端子	电路器件	作　用
输入继电器	I0.0	SB1	启动按钮
	I0.1	SB2	停止按钮
输出继电器	Q0.0	KM1	M1 接触器
	Q0.1	KM2	M2 接触器
	Q0.2	KM3	M3 接触器
	Q0.4	HL1	M1 运行指示
	Q0.5	HL2	M2 运行指示
	Q0.6	HL3	M3 运行指示

其他编程元件地址分配如表 5-3 所示。

表 5-3　其他编程元件地址分配

编程元件	编程地址	PT 值	作　用
定时器 (100ms)	T37	50	启动时的第一段延时
	T38	50	启动时的第二段延时
	T39	30	停车时的第一段延时
	T40	30	停车时的第二段延时
位存储器	M0.0	—	停车时保持第一段延时
	M0.1	—	停车时保持第二段延时

5. 程序下载

在 PLC 断电状态下，用 USB/PPI 电缆连接电脑与 S7-200 CPU224 AC/DC/RLY 型 PLC。

合上控制电源开关 QS，将运行模式选择开关拨到 STOP 位置，通过软件将编制好的控制程序下载到 PLC。

注意：一定要在断开 QS 的情况下插拔适配电缆，否则极易损坏 PLC 通信接口。

6. 运行皮带运输机顺序控制参考程序

① 将运行模式选择开关拨到 RUN 位置，使 PLC 进入运行方式。

② 按下启动按钮 SB2，观察电动机 M1 是否立即启动运行，5s 后电动机 M2 能否自动启动运行，再经过 5s，电动机 M3 能否自动启动运行。如果电动机能够按照 M1、M2、M3 的顺序间隔 5s 依次启动运行，则顺序启动程序正确。

③ 按下停止按钮 SB1，观察电动机 M3 是否立即停车，3s 后电动机 M2 能否自动停车，再经过 3s 后，电动机 M1 能否自动停车。如果电动机能够按照 M3、M2、M1 的顺序依次停车，则停止程序正确。

④ 再次按下启动按钮 SB2，如果系统能够重新按照 M1、M2、M3 的顺序依次启动运行，并能在按下停止按钮后按照 M3、M2、M1 的顺序依次停车，则程序调试结束。

【课后思考】

针对图 5-7 所示皮带运输机顺序控制参考程序，思考并回答下述问题。

1. 对于定时器，如果选择的编程元件是 T33、T34、T35、T36，每个定时器的 PT 值应该是多少？

2. 如果启动间隔和停车间隔是相同的，可否只用两个定时器，使其不仅能完成启动时的时间间隔控制，而且能完成停车时的时间间隔控制？

3. 在参考梯形图程序中，M0.0 及 M0.1 的作用是什么？

4. 在参考梯形图程序中，如果在 M0.0（M0.1）的线圈前，不串联 T39（T40）的动断触点，会出现什么情况？

5. 网络 2 中，为什么在 T37 的后面加入"P"触点？取消该触点结果会怎样？

任务二　采用"启-保-停"编程法实现小车行程控制

【任务目标】

1. 掌握简单 PLC 控制系统顺序功能图的绘制方法。

2. 掌握"启-保-停"编程法的运用法则。

3. 会根据顺序功能图，采用"启-保-停"编程法编写及调试 PLC 控制程序。

【任务分析】

小车行程控制硬件布局如图 5-8 所示，驱动电机 M 正转时小车右行，反转时小车左行。

图 5-8　小车行程控制 PLC 控制电路硬件布局图

电机主回路由隔离开关 QS、熔断器 FU1、正转接触器 KM1、反转 KM2 的常开主触点，热继电器 FR 的热元件等组成。控制电路采用 S7-200 CPU224 AC/DC/RLY 型 PLC，输入输出电器元件有启动按钮 SB、接触器线圈及热继电器的常闭触点、右限位开关 SQ1、左限位开关 SQ2 等。系统控制要求如下。

1. 启动右行

在停止状态，按启动按钮 SB，小车驱动电机 M 启动正转，小车向右运动（简称右行）。

2. 右位暂停

小车右行至终点，碰到限位开关 SQ1（与 PLC 输入端 I0.1 相连）后，停在该处，PLC 内部计时元件 T37 开始计时。

3. 左行返回

T37 计时时间到，驱动电机 M 启动反转，小车向左运动（简称左行）。

4. 左行至起点停止

碰到限位开关 SQ2（与 PLC 输入端 I0.2 相连）后，电机停转，小车原位停止并等待下一次启动。

5. 保护措施

系统具有必要的过载保护和短路保护。

小车运行示意图及根据控制要求绘制的顺序功能图见图 5-9。其中 M0.0～M0.3 为 PLC 内部编程元件，分别用来表示并控制系统的 4 种不同运行状态。

(a) 小车运行示意图　　　　　　(b) 小车运行顺序功能图

图 5-9　小车运行示意图及顺序功能图

【相关知识】

一、顺序控制设计法与顺序功能图

1. 顺序控制设计法

用"经验"编程法设计梯形图时，没有一套固定的方法和步骤可以遵循，设计具有很大的试探性和随意性，对于不同的控制系统，没有一种通用的容易掌握的设计方法。在设计复杂系统的梯形图时，需要用大量的中间单元来完成记忆、联锁和互锁等功能，由于需要考虑的因素很多，它们往往又交织在一起，分析起来非常困难，并且很容易遗漏一些应该考虑的问题。修改某一局部电路时，很可能会"牵一发而动全身"，对系统的其他部分产生意想不到的影响，因此梯形图的修改也很麻烦，往往花了很长的时间还得不到一个满意的结果。用"经验"法编制出的梯形图程序往往很难阅读，给系统的维修和改进带来了很大的困难。

所谓顺序控制，就是按照生产工艺预先规定的顺序，在各个输入信号的作用下，根据内部状态和时间的顺序，在生产过程中各个执行机构自动地有秩序地进行操作。使用顺序控制设计法时，首先根据系统的工艺过程画出顺序功能图，然后根据顺序功能图画出梯形图。

顺序功能图（Sequential Function Chart），常称为状态流程图或状态转移图，是描述控制系统的控制过程、功能和特性的一种图形，也是设计 PLC 的顺序控制程序的有力工具。顺序功能图主要由步、有向连线、转换、转换条件和动作（或命令）组成。

2. 步与动作

（1）步。顺序控制设计法最基本的思想是将系统的一个工作周期划分为若干个顺序相连的阶段，这些阶段称为步（Step），并用编程元件（例如位存储器 M 或顺序控制继电器 S）来代表各步。步是根据输出量的状态变化来划分的，在任何一步之内，各输出量的 ON/OFF 状态不变，但是相邻两步输出量总的状态是不同的。步的这种划分方法使代表各步的编程元件的状态与各输出量的状态之间有着极为简单的逻辑关系。

顺序控制设计法用转换条件控制代表各步的编程元件，让它们的状态按一定的顺序变化．然后用代表各步的编程元件去控制 PLC 的各输出位。

图 5-10 中的波形图给出了控制锅炉的鼓风机和引风机的要求。按下启动按钮 I0.0 后，应先开引风机，延时 12s 后再开鼓风机。按下停止按钮 I0.1 后，应先停鼓风机，10s 后再停引风机。

图 5-10　波形图

根据 Q0.0 和 Q0.1 ON/OFF 状态的变化，显然一个工作周期可以分为 3 步，分别用 M0.1～M0.3 来代表这 3 步，另外还应设置一个等待启动的初始步。图 5-11 是描述该系统的顺序功能图，图中用矩形方框表示步，方框中可以用数字表示该步的编号，也可以用代表该步的编程元件的地址作为步的编号，例如 M0.0 等，这样在根据顺序功能图设计梯形图时较为方便。

（2）初始步。与系统的初始状态相对应的步称为初始步，初始状态一般是系统等待启动命令的相对静止的状态。初始步用双线方框表示，每一个顺序功能图至少应该有一个初

图 5-11　顺序功能图

始步。

（3）与步对应的动作或命令。可以将在某一步中要完成的某些"动作"以及要向被控系统发出的某些"命令"统称为动作，并用矩形框中的文字或符号表示，该矩形框应与相应的步的符号相连。

图 5-11(a) 中，在连续的 3 步内输出位 Q0.0 均为 1 状态，为了简化顺序功能图和梯形图，可以在第 2 步将 00.0 置位，返回初始步后将 Q0.0 复位 ［见图 5-11(b)］。

如果某一步有几个动作，可以用图 5-12 中的两种画法来表示，但是并不隐含这些动作之间的任何顺序。说明命令的语句应清楚地表明该命令是存储型的还是非存储型的。例如某步的存储型命令"打开 1 号阀并保持"，是指该步活动时 1 号阀打开，该步不活

图 5-12　多个动作时的两种画法

动时继续打开；非存储型命令"打开 1 号阀"，是指该步活动时打开，不活动时关闭。

（4）活动步。当系统正处于某一步所在的阶段时，该步处于活动状态，称该步为"活动步"。某步处于活动状态时，相应的动作被执行；处于不活动状态时，相应的非存储型动作被停止执行。

3. 有向连线与转换条件

（1）有向连线。在顺序功能图中，随着时间的推移和转换条件的实现，将会发生步的活动状态的进展，这种进展按有向连线规定的路线和方向进行。在画顺序功能图时，将代表各步的方框按它们成为活动步的先后次序顺序排列，并用有向连线将它们连接起来。步的活动状态习惯的进展方向是从上到下或从左至右，在这两个方向有向连线上的箭头可以省略。如果不是上述的方向，应在有向连线上用箭头注明进展方向。在可以省略箭头的有向连线上，为了更易于理解也可以加箭头。

如果在画图时有向连线必须中断（例如在复杂的图中，或用几个图来表示一个顺序功能图时），应在有向连线中断之处标明下一步的标号和所在的页数。

（2）转换。转换用有向连线上与有向连线垂直的短划线来表示，转换将相邻两步分隔开。步的活动状态的进展是由转换的实现来完成的，并与控制过程的发展相对应。

（3）转换条件。使系统由当前步进入下一步的信号称为转换条件，转换条件可以是外部的输入信号，例如按钮、主令开关、限位开关的接通或断开等，也可以是PLC内部产生的信号，例如定时器、计数器常开触点的接通等，转换条件还可能是若干个信号的与、或、非逻辑组合。

图5-11(a)中的启动按钮I0.0和停止按钮I0.1的常开触点、定时器延时接通的常开触点是各步之间的转换条件。图中有两个T37，它们的意义完全不同：与步M0.1对应的方框相连的动作框中的T37表示T37的线圈应在步M0.1所在的阶段"通电"，在梯形图中，T37的指令框与M0.1的线圈并联。转换符号旁边的"T37"对应于T37延时接通的常开触点，它被用来作为步M0.1和M0.2之间的转换条件。

在顺序功能图中，只有当某一步的前级步是活动步时，该步才有可能变成活动步。如果用没有断电保持功能的编程元件代表各步，PLC进入RUN工作方式时，它们均处于OFF状态，必须用初始化脉冲SM0.1的常开触点作为转换条件，将初始步预置为活动步（见图5-11），否则因为顺序功能图中没有活动步，系统将无法工作。如果系统有自动、手动两种工作方式，顺序功能图是用来描述自动工作过程的，这时还应在系统由手动工作方式进入自动工作方式时，用一个适当的信号将初始步置为活动步。

4. 顺序功能图的基本结构

（1）单序列。单序列由一系列相继激活的步组成，每一步的后面仅有一个转换，每一个转换的后面只有一个步［见图5-13(a)］。

（2）选择序列。选择序列的开始称为分支［见图5-13(b)］，转换符号只能标在水平连线之下。如果步5是活动步，并且转换条件h=1，则发生由步5→步8的进展；如果步5是活动步，并且k=1，则发生由步5→步10的进展。如果将选择条件k改为kh（两个条件相与），则当k和h同时为ON时，将优先选择h对应的序列，一般只允许同时选择一个序列。

选择序列的结束称为合并［见图5-13(b)］，几个选择序列合并到一个公共序列时，用需要重新组合的序列相同数量的转换符号和水平连线来表示，转换符号只允许标在水平连线之上。

如果步9是活动步，并且转换条件j=1，则发生由步9→步12的进展。如果步11是活动步，并且n=1，则发生由步11→步12的进展。

（3）并行序列。并行序列的开始称为分支［见图5-13(c)］，当转换的实现导致几个序列

(a) 单序列   (b) 选择序列   (c) 并行序列

图5-13　单序列、选择序列与并行序列

同时激活时，这些序列称为并行序列。若步3是活动的，并且转换条件 e＝1，则步4和步6这两步同时变为活动步，同时步3变为不活动步。为了强调转换的同步实现，水平连线用双线表示。步4、步6被同时激活后，每个序列中活动步的进展将是独立的。在表示同步的水平双线之上，只允许有一个转换符号。

并行序列的结束称为合并［见图5-13(c)］，在表示同步的水平双线之下，只允许有一个转换符号。当直接连在双线上的所有前级步（步5、步7）都处于活动状态，并且转换条件 i＝1 时，才会发生步5、步7到步10的进展，即步5、步7同时变为不活动步，而步10变为活动步。

有的 PLC 为用户提供了顺序功能图语言，在编程软件中生成顺序功能图后便完成了编程工作，这是一种先进的设计方法，很容易被初学者接受，是自动控制领域的发展方向。

完成 SFC 图的绘制工作后，即便在目前没有相应的转换软件，也能参照本模块后叙内容正确并且高效的写出任意复杂的数字量控制系统梯形图。

二、使用启-保-停电路的顺序控制梯形图编程方法

根据顺序功能图编制梯形图时，可以用存储器位 M 来代表步。某一步为活动步时，对应的存储器位为1，某一转换实现时，该转换的后续步变为活动步，前级步变为不活动步。

1. 单序列的编程方法

启-保-停电路仅仅使用与触点和线圈有关的指令，任何一种 PLC 的指令系统都有这一类指令，因此这是一种通用的编程方法，可以用于任意型号的 PLC。

为方便对照理解，图5-14 给出了前述控制鼓风机和引风机的顺序功能图及相应梯形图程序。设计启-保-停电路的关键是找出它的启动条件和停止条件。根据转换实现的基本规则，转换实现的条件是它的前级步为活动步，并且满足相应的转换条件，步 M0.1 变为活动步的条件是它的前级步 M0.0 为活动步，且二者之间的转换条件是 I0.0 为1。在启-保-停电路中，应将代表前级步的 M0.0 的常开触点和代表转换条件的 I0.0 的常开触点串联，作为控制 M0.1 的启动电路。

(a) 顺序功能图　　　　　　　　　　　(b) 梯形图程序

图 5-14　控制鼓风机和引风机的顺序功能图及相应梯形图程序

当 M0.1 和 T37 的常开触点均闭合时，步 M0.2 变为活动步，这时步 M0.1 应变为不活动步，因此可以将 M0.2 为 1 作为使存储器位 M0.1 变为 OFF 状态的条件，即将 M0.2 的常闭触点与 M0.1 的线圈串联。上述的逻辑关系可以用逻辑代数式表示为：

$$M0.1 = (M0.0 \cdot I0.0 + M0.1) \cdot \overline{M0.2}$$

在这个例子中，可以用 T37 的常闭触点代替 M0.2 的常闭触点。但是当转换条件由多个信号经"与、或、非"逻辑运算组合而成时，需要将它的逻辑表达式求反，再将对应的触点串并联电路作为启-保-停电路的停止电路，这样做不如使用后续步对应的常闭触点简单方便。

以初始步 M0.0 为例，由顺序功能图可知，M0.3 是它的前级步，T38 的常开触点接通是二者之间的转换条件，所以应将 M0.3 和 T38 的常开触点串联，作为 M0.0 的启动电路。PLC 开始运行时应将 M0.0 置为 1，否则系统无法工作，故将仅在第一个扫描周期接通的 SM0.1 的常开触点与上述串联电路并联，启动电路还并联了 M0.0 的自保持触点。后续步 M0.1 的常闭触点与 M0.0 的线圈串联，M0.1 为 1 时 M0.0 的线圈"断电"，初始步变为不活动步。

当控制 M0.0 的启-保-停电路的启动电路接通后，在下一个扫描周期 M0.0 的常闭触点使 M0.3 的线圈断电，后者的常开触点断开，使 M0.0 的启动电路断开，由此可知，启-保-停电路的启动电路接通的时间只有一个扫描周期。因此必须使用有记忆功能的电路（例如启-保-停电路或置位/复位电路）来控制代表步的存储器位。

下面介绍设计顺序控制梯形图的输出电路部分的方法。

若某一输出量仅在某一步中为 ON，可以将它的线圈与对应步的存储器位 M0.2 的线圈并联。

某一输出在几步中都为 ON，应将代表各有关步的存储器位的常开触点并联后，驱动该输出的线圈。图 5-14（a）中，Q0.0 在 M0.1～M0.3 这 3 步中均应工作，所以用 M0.1～M0.3 的常开触点组成的并联电路来驱动 Q0.0 的线圈。

如果某些输出量像 Q0.0 一样，在连续的若干步均为 1 状态，可以用置位、复位指令来控制它们。

2. 选择序列的编程方法

（1）选择序列分支的编程方法。图 5-15 中，步 M0.0 之后有一个选择序列的分支，设 M0.0 为活动步，当它的后续步 M0.1 或 M0.2 变为活动步时，它都应变为不活动步，即 M0.0 变为 0 状态，所以应将 M0.1 和 M0.2 的常闭触点与 M0.0 的线圈串联。

如果某一步的后面有一个由 N 条分支组成的选择序列，则应将这 N 个后续步对应的存储器位的常闭触点与该步的线圈串联作为结束该步的条件。

（2）选择序列合并的编程方法。图 5-15 中，步 M0.2 之前有一个选择序列的合并，若步 M0.1 为活动步（M0.1 为 1 状态），并且转换条件 I0.1 满足要求，或者步 M0.0 为活动步，并且转换条件 I0.2 满足要求，步 M0.2 都应变为活动步，即控制代表该步的存储器位 M0.2 的启动电路的启动条件应为：

$$M0.1 \cdot I0.1 + M0.0 \cdot I0.2$$

该启动条件对应的启动电路由两条并联支路组成，每条支路分别由 M0.1、I0.1 或 M0.0、I0.2 的常开触点串联而成（见图 5-15）。

图 5-15　选择序列与并行序列

　　一般来说，对于选择序列的合并，如果某一步之前有 N 个转换，即有 N 条分支进入该步，则控制代表该步的存储器位的启-保-停电路的启动电路由 N 条支路并联而成，各支路由某一前级步对应的存储器位的常开触点与相应转换条件对应的触点或电路串联而成。

3. 并行序列的编程方法

　　（1）并行序列分支的编程方法。图 5-15 中的步 M0.2 之后有一个并行序列的分支，当步 M0.2 是活动步并且转换条件 I0.3 满足要求时，步 M0.3 与步 M0.5 应同时变为活动步，这是用 M0.2 和 I0.3 的常开触点组成的串联电路分别作为 M0.3 和 M0.5 的启动电路来实现的，与此同时，步 M0.2 应变为不活动步，步 M0.3 和 M0.5 是同时变为活动步的，只需将 M0.3 或 M0.5 的常闭触点与 M0.2 的线圈串联就行了。

　　（2）并行序列合并的编程方法。图 5-15 中的步 M0.0 之前有一个并行序列的合并，该转换实现的条件是所有的前级步（即步 M0.4 和 M0.6）都是活动步和 I0.6 满足转换要求。由此可知，应将 M0.4、M0.6 和 I0.6 的常开触点串联，作为控制 M0.0 的启-保-停电路的启动电路。

　　任何复杂的顺序功能图都是由单序列、选择序列和并行序列组成的，掌握了单序列的编程方法和选择序列、并行序列的分支、合并的编程方法，就不难迅速地设计出任意复杂的顺序功能图描述的数字量控制系统的梯形图。

　　如果顺序功能图中有仅由两步组成的小闭环，用启-保-停电路编制的梯形图就不能正常工作。上述方法仅适用于有三步或三步以上步序的系统，使用时应予以注意。

【操作指导】

1. 绘制控制电路原理图

　　根据学习任务绘制控制电路原理图，系统采用 S7-200 CPU224 AC/DC/RLY 型 PLC，

其 I/O 接线如图 5-16 所示。

图 5-16　小车行程控制电路图

2. 安装电路

（1）检查元器件。根据表 5-1 配齐元器件，检查元件的规格是否符合要求，检测元件的质量是否完好。

（2）固定元器件。按照元器件规划位置，安装 DIN 导轨及走线槽，固定元件。

（3）配线安装。根据配线原则及工艺要求，对照原理图进行配线安装。电源进线及电机均通过一次回路接线端子 TX1 后与主板相接，输入控制按钮、行程开关通过二次回路接线端子 TX2 与主板相接。行程开关应按左右位置进行固定，以方便运行调试。

3. 自检

（1）检查布线。对照原理图检查是否掉线、错线，是否漏编、错编，接线是否牢固等。

（2）使用万用表检测。使用万用表检测安装的电路，应按先一次主回路，后二次控制回路的顺序进行。

主回路重点检测 L1、L2、L3 之间的电阻值，在断路器断开及接触器处于常态时，电阻值均为无穷大；断路器接通并压下接触器时，电阻值等于电机绕组阻值（零点几欧姆至几欧姆）。

进行控制回路检测时，应重点检查 PLC 配线是否正确，输入回路及输出回路之间是否可靠隔离。

4. 编辑控制程序

在装有 STEP7-Micro/WIN V4.0 SP6 编程软件的个人电脑上编辑 PLC 控制程序，编译

后保存为·"＊.mwp"文件备用。图 5-17(a) 是小车行程 PLC 控制梯形图程序，图 5-17(b)
是与之对应的指令表程序。

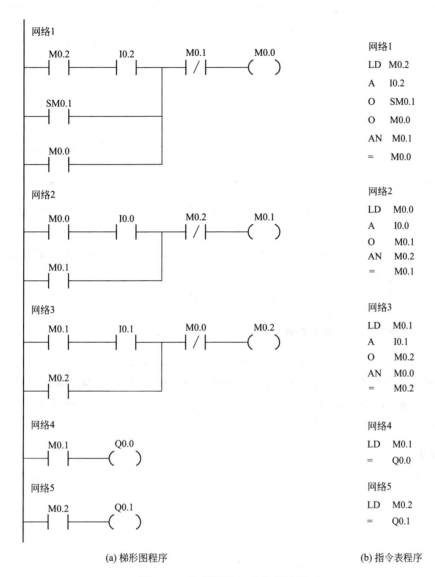

(a) 梯形图程序　　　　　　　　　　　　　　(b) 指令表程序

图 5-17　小车行程 PLC 控制程序

输入输出继电器地址分配如表 5-4 所示。

表 5-4　输入输出继电器地址分配

编程元件	I/O 端子	电路器件	作　　用
输入继电器	I0.0	SB	启动按钮
	I0.1	SQ1	右限位开关
	I0.2	SQ2	左限位开关
输出继电器	Q0.0	KM1	正转右行接触器
	Q0.1	KM2	反转左行接触器

其他编程元件地址分配如表 5-5 所示。

表 5-5　其他编程元件的地址分配

编程元件	编程地址	PT 值	作　用
定时器(100ms)	T37	30	右位暂停 3s
位存储器	M0.0	—	初始状态位
	M0.1	—	右行状态位
	M0.2	—	右位暂停状态位
	M0.3	—	左行状态位

5. 程序下载

① 在 PLC 断电状态下，用 USB/PPI 电缆连接电脑与 S7-200 CPU224 AC/DC/RLY 型 PLC。

② 合上控制电源开关 QS，将运行模式选择开关拨到 STOP 位置，通过软件将编制好的控制程序下载到 PLC。

注意：一定要在断开 QS 的情况下插拔适配电缆，否则极易损坏 PLC 通信接口。

6. 运行小车行程 PLC 控制程序

① 将运行模式选择开关拨到 RUN 位置，使 PLC 进入运行方式。

② 根据任务分析要求，操作 SB 按钮，观察驱动电机 M 是否立即启动；用手压下 SQ1，模拟小车右行到位，观察驱动电机 M 是否在 3s 之后反向启动；再用手压下 SQ2，模拟小车左行返回原点，电机应立即停转。满足控制要求即表明程序运行正常。

【课后思考】

1. 分析小车行程控制程序，如果小车运行在中间某位置时突遇停电，再次恢复供电时，结果如何？

2. 小车行程控制程序中的右位暂停有什么作用？如果系统不需要暂停，控制程序应如何改写？

任务三　采用以转换为中心的编程法实现电机程控运行

【任务目标】

1. 掌握以转换为中心的编程方法。

2. 会根据顺序功能图，采用以转换为中心编程法编写及调试 PLC 控制程序。

【任务分析】

电动机程控运行 PLC 控制电路，硬件布局如图 5-18 所示。

主电路由隔离开关 QS、熔断器 FU1、接触器 KM1、KM2 的常开主触点，热继电器 FR 的热元件和电动机 M 组成。控制电路采用 S7200 CPU224 AC/DC/RLY 型 PLC，输入电器

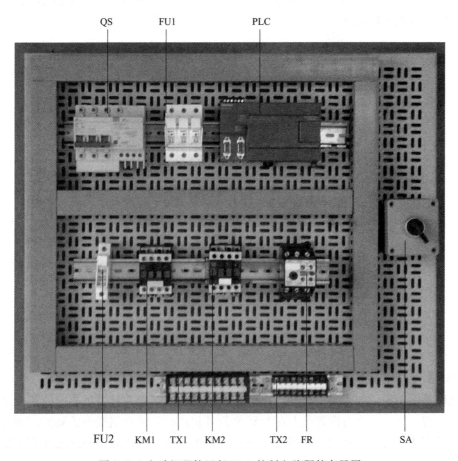

图 5-18　电动机程控运行 PLC 控制电路硬件布局图

元件仅有一个程控运行主令开关 SA，输出控制元件有正、反转接触器线圈及辅助常闭触点、热继电器的常闭触点等。

系统控制要求如下。

1. 程控运行启动控制

合上电源总开关 QS，即可通过操作主令开关 SA 控制电动机按预定程序正反转自动循环运行。即合上 SA，KM1 即刻吸合，电动机以正转 5s—停 2s—反转 3s—停 2s—正转 5s 的方式自动循环运转。

2. 运行停止控制

断开 SA，电机在完成本轮循环之后停止运行。

3. 保护措施

为确保安全，系统设有必要的过载及短路保护，此外，PLC 外部接有由 KM1 及 KM2 常闭触点组成的硬件互锁电路。

根据控制要求，采用 PLC 内部位存储器 M0.0～M0.4 作为电机运行状态控制位，SA

与输入端子 I0.0 相连，T37～T40 为各运行时间段的定时控制编程元件，绘制图 5-19 所示电动机程控运行顺序功能图。

图 5-19　电动机程控运行顺序功能图

【相关知识】

在顺序功能图中，如果某一转换所有的前级步都是活动步并且满足相应的转换条件，则转换可以实现，即所有由有向连线与相应转换符号相连的后续步都变为活动步，而所有由有向连线与相应转换符号相连的前级步都变为不活动步。在以转换为中心的编程方法中，用某转换所有前级步对应的存储器位的常开触点与该转换对应的触点或电路串联，则该串联电路即启-保-停电路中的启动电路，用它作为使所有后续步对应的存储器位置位（使用置位指令）和使所有前级步对应的存储器位复位（使用复位指令）的条件。在任何情况下，代表步的存储器位的控制电路都可以用这一原则来设计，每一个转换对应一个这样的控制置位和复位的电路块，有多少个转换就有多少个这样的电路块。这种设计方法特别有规律，梯形图与转换实现的基本规则之间有着严格的对应关系，在设计复杂的顺序功能图的梯形图时既容易掌握，又不容易出错。

例如某组合机床的动力头在初始状态时停在最左边，限位开关 I0.3 为 1 状态（见图 5-20）。按下启动按钮 I0.0，动力头的进给运动如图中所示，工作一个循环后，返回并停在初始位置。

实现图 5-20 中 I0.1 对应的转换需要同时满足两个条件，即该转换的前级步是活动步（M0.1＝1）并且满足 I0.1＝1。在梯形图中，可以用 M0.1 和 I0.1 的常开触点组成的串联电路来表示上述条件。该电路接通时，两个条件同时满足。此时应将该转换的后续步变为活动步，即用置位指令"S M0.2，1"将 M0.2 置位；还应将该转换的前级步变为不活动步，即用复位指令"R M0.1，1"将 M0.1 复位。

使用这种编程方法时，不能将输出位的线圈与置位指令和复位指令并联，这是因为图 5-20 中控制置位、复位的串联电路接通的时间是相当短的，只有一个扫描周期，转换条件满足后前级步马上被复位，该串联电路断开，而输出位（Q）的线圈至少应该在某一步对应的全部时间内被接通。所以应根据顺序功能图，用代表步的存储器位的常开触点或它们的并

图 5-20　动力头控制系统的顺序功能图与梯形图

联电路来驱动输出位的线圈。

如果某一转换与并行序列的分支、合并无关，它的前级步和后续步都只有一个，需要复位、置位的存储器位也只有一个，因此对选择序列的分支与合并的编程方法实际上与对单序列的编程方法完全相同。

图 5-21 中，除 I0.3 与 I0.6 对应的转换以外，其余的转换均与并行序列无关，I0.0～

图 5-21　选择序列与并行序列

I0.2 对应的转换与选择序列的分支、合并有关，它们都只有一个前级步和一个后续步。与并行序列无关的转换对应的梯形图是非常标准的，每一个控制置位、复位的电路块都由前级步对应的一个存储器位的常开触点和转换条件对应的触点组成的串联电路、一条置位指令和一条复位指令组成。

图 5-21 中，步 M0.2 之后有一个并行序列的分支．当 M0.2 是活动步，并且 I0.3 满足转换条件时，步 M0.3 与步 M0.5 应同时变为活动步，这是用 M0.2 和 I0.3 的常开触点组成的串联电路使 M0.3 和 M0.5 同时置位来实现的。与此同时，步 M0.2 应变为不活动步，这是用复位指令来实现的。

I0.6 对应的转换之前有一个并行序列的合并，该转换实现的条件是所有的前级步（即步 M0.4 和 M0.6）都是活动步并且 I0.6 满足转换条件。由此可知，应将 M0.4、M0.6 和 I0.6 的常开触点串联，作为使后续步 M0.0 置位和使 M0.4、M0.6 复位的条件。

图 5-22 中，转换的上面是并行序列的合并，转换的下面是并行序列的分支，该转换实现的条件是所有的前级步（即步 M1.0 和 M1.1）都是活动步且 $\overline{I0.1}$＋I0.3 满足转换条件。因此应将 M1.0、M1.1、I0.3 的常开触点与 I0.1 的常闭触点组成的串并联电路作为使 M1.2、MI.3 置位和使 M1.0、M1.1 复位的条件。

图 5-22 转换的同步实现

【操作指导】

1. 绘制控制电路原理图

根据学习任务绘制控制电路原理图，系统采用 S7-200 CPU224 AC/DC/RLY 型 PLC，其 I/O 接线如图 5-23 所示。

2. 安装电路

（1）检查元器件。根据表 5-1 配齐元器件，检查元件的规格是否符合要求，检测元件的质量是否完好。

（2）固定元器件。按照元器件规划位置，安装 DIN 导轨及走线槽，固定元件。

（3）配线安装。根据配线原则及工艺要求，对照原理图进行配线安装。电源进线及电机均通过一次回路接线端子 TX1 后与主板相接，输入控制按钮通过二次回路接线端子 TX2 与主板相接。

图 5-23 电动机程控运行 PLC 控制电路

3. 自检

（1）检查布线。对照原理图检查是否掉线、错线，是否漏编、错编，接线是否牢固等。

（2）使用万用表检测。使用万用表检测安装的电路，应按先一次主回路，后二次控制回路的顺序进行。

主回路重点检测 L1、L2、L3 之间的电阻值，在断路器断开及接触器处常态时，阻值均为无穷大；断路器接通并压下接触器时，为电机绕组阻值（零点几欧姆至几欧姆）。

控制回路检测时，应重点检查 PLC 配线是否正确，输入回路及输出回路之间是否可靠隔离。

4. 编辑控制程序

在装有 STEP7-Micro/WIN V4.0 SP6 编程软件的个人电脑上编辑 PLC 控制程序，编译后保存为 "∗.mwp" 文件备用。图 5-24(a) 是三相异步电动机正反转控制梯形图程序，图 5-24(b) 是与之对应的指令表程序。

输入输出继电器地址分配如表 5-6 所示。

表 5-6 输入输出继电器地址分配

编程元件	I/O 端子	电路器件	作 用
输入继电器	I0.0	SA	运行主令开关
输出继电器	Q0.0	KM1	正转接触器
	Q0.1	KM2	反转接触器

(a) 梯形图程序

(b) 指令表程序

图 5-24　三相异步电动机正反转控制程序

其他编程元件地址分配如表 5-7 所示。

表 5-7 其他编程元件地址分配

编程元件	编程地址	PT 值	作　用
TON 型定时器 （100ms）	T37	50	电机正转延时
	T38	20	电机第一段停止延时
	T39	30	电机反转延时
	T40	20	电机第二段停止延时
位存储器	M0.0	—	状态 0：初始化
	M0.1	—	状态 1：电机正转
	M0.2	—	状态 2：停止运转
	M0.3	—	状态 3：电机反转
	M0.4	—	状态 4：停止运转

5. 程序下载

① 在 PLC 断电状态下，用 USB/PPI 电缆连接电脑与 S7-200 CPU224 AC/DC/RLY 型 PLC。

② 合上控制电源开关 QS，将运行模式选择开关拨到 STOP 位置，通过软件将编制好的控制程序下载到 PLC。

注意：一定要在断开 QS 的情况下插拔适配电缆，否则极易损坏 PLC 通信接口。

6. 运行 PLC 控制程序

① 将运行模式选择开关拨到 RUN 位置，使 PLC 进入运行方式。

② 根据任务分析要求，合上 SA，观察 PLC 上输入、输出指示灯的工作状态及电动机工作情况。满足控制要求即表明程序运行正常。

【课后思考】

1. 在电动机程控运行 PLC 控制程序中，如果分别用两个按钮控制电机程控运行的启动和停止，应怎样编程？

2. 如果要求电动机无论处于正转、反转还是间歇状态时，只要断开 SA，就能立即中止电机程控运行，应如编写 PLC 控制程序？

任务四　采用 SCR 指令编程实现交通灯自动控制

【任务目标】

1. 了解 S7-200 系列 PLC 顺序控制继电器。

2. 学习并掌握 SCR 指令及顺控编程法。

3. 会根据顺序功能图，采用 SCR 指令编写及调试 PLC 控制程序。

【任务分析】

本任务给出的是交通灯自动控制电路的最简形式，控制要求为：某路口红绿灯分别为 HL1、HL2。启动自动运行模式时，要求 HL1、HL2 能按亮 20s 再熄 20s 的方式交替闪亮。

图 5-25 为 PLC 交通灯自动控制电路安装图，主电路由小型断路器 QS、熔断器 FU 及输出信号红灯 HL1 和绿灯 HL2 等组成。输入电器为主令控制开关 SA。

图 5-25 PLC 交通灯自动控制电路安装图

根据控制要求，采用 PLC 内部顺控继电器 S0.0～S0.3 进行交通灯自动运行控制，SA 与输入端子 I0.1 相连，T37、T38 为各运行时间段的定时控制编程元件，绘制图 5-26 所示 PLC 交通灯自动控制顺序功能图。其步进条件为时间步进型。状态步的处理为点亮红灯、熄绿灯或者点亮绿灯、熄红灯，同时启动定时器，步进条件满足时（时间到）进入下一步，关断上一步。

图 5-26 PLC 交通灯自动控制顺序功能图

【相关知识】

一、顺序控制继电器指令

S7-200 中的顺序控制继电器（SCR）专门用于编制顺序控制程序。顺序控制程序被顺序控制继电器指令（LSCR）划分为若干个 SCR 段，一个 SCR 段对应于顺序功能图中的一步。表 5-8 给出了顺序控制继电器指令格式。

表 5-8 顺序控制继电器（SCR）指令格式

指令表格式	梯形图	数据类型	操作数	指令名称及功能
LSCR S_bit	??.? SCR	BOOL	S	装载顺序控制继电器指令
SCRT S_bit	??.? —(SCRT)			顺序控制继电器转换指令
SCRE	—(SCRE)			顺序步结束指令

装载顺序控制继电器指令 LSCR S_bit 用来表示一个 SCR 段的开始，当指令中"S_bit"所指的顺序控制继电器为 1 状态时，执行对应的 SCR 段中程序，反之则不执行。

顺序控制继电器结束指令 SCRE 用来表示 SCR 段的结束。

顺序控制继电器转换指令 SCRT S_bit 用来表示 SCR 段之间的转换，即步的活动状态的转换。当 SCRT 线圈"得电"时，SCRT 指令中指定的顺序功能图中的后续步对应的顺序控制继电器变为 1 状态，同时当前活动步对应的顺序控制继电器被系统程序复位为 0 状态，当前步变为不活动步。

使用 SCR 时有如下的限制：不能在不同的程序中使用相同的 S 位；不能在 SCR 段之间使用 JMP 及 LBL 指令，即不允许用跳转的方法跳入或跳出 SCR 段；不能在 SCR 段中使用 FOR、NEXT 和 END 指令。

二、使用 SCR 指令的顺序控制梯形图设计方法

1. 单序列的编程方法

以本项目任务二中图 5-9 所示小车运行控制为例，说明使用 SCR 指令编辑单序列顺序控制梯形图的具体方法。小车行程控制要求同任务一，一个工作周期中的左行、暂停、右行和等待启动的初始步分别用 S0.0～S0.3 来代表。启动按钮 I0.0 和限位开关的常开触点、T37 延时接通的常开触点是各步之间的转换条件。图 5-27 是使用 SCR 指令编制的小车行程控制顺序功能图及梯形图。

在设计梯形图时，用 LSCR 和 SCRE 指令表示 SCR 段的开始和结束。在 SCR 段中用 SM0.0 的常开触点来驱动在该步中应为 1 状态的输出点（Q）的线圈，并用转换条件对应的触点或电路来驱动转换到后续步的 SCRT 指令。

如果用编程软件的"程序状态"功能来监视处于运行模式的梯形图，可以看到因为直接接在左侧母线上，每一个 SCR 方框都是蓝色，但是只有活动步对应的 SCRE 线圈通电，并

图 5-27　使用 SCR 指令编制的小车行程控制顺序功能图及梯形图

且只有活动步对应的 SCR 区内的 SM0.0 的常开触点闭合，不活动步的 SCR 区内的 SM0.0 的常开触点处于断开状态，因此 SCR 区内的线圈受到对应的顺序控制继电器的控制，SCR 区内的线圈还可以受与它串联的触点的控制。

首次扫描时 SM0.1 的常开触点接通一个扫描周期，使顺序控制继电器 S0.0 置位，初始步变为活动步，只执行 S0.0 对应的 SCR 段。如果小车在最左边，I0.2 为 1 状态，此时按下启动按钮 I0.0，指令"SCRT S0.1"对应的线圈得电，使 S0.1 变为 1 状态，操作系统使 S0.0 变为 0 状态，系统从初始步转换到右行步，只执行 S0.1 对应的 SCR 段。在该段中，SM0.0 的常开触点闭合，Q0.0 的线圈得电，小车右行。在操作系统没有执行 S0.1 对应的 SCR 段时，Q0.0 的线圈不会通电。

右行碰到右限位开关时，I0.1 的常开触点闭合，将实现右行步 S0.1 到暂停步 S0.2 的转换。定时器 T37 用来使暂停步持续 3s。延时时间到时 T37 的常开触点接通，使系统由暂停步转换到左行步 S0.3，直到返回初始步。

2. 选择序列的编程方法

图 5-28 中步 S0.0 之后有一个选择序列的分支，若它是活动步，并且 I0.0 满足转换条件，后续步 S0.1 将变为活动步，S0.0 变为不活动步。如果步 S0.0 为活动步，并且 I0.2 满足转换条件，后续步 S0.2 将变为活动步，S0.0 变为不活动步。

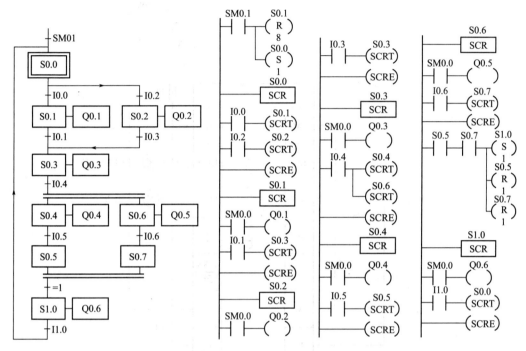

图 5-28　选择序列与并行序列的顺序功能图和梯形图

当 S0.0 为 1 时，它对应的 SCR 段被执行，此时若 I0.0 为 1，该程序段中的指令 "SCRT S0.1" 被执行，将转换到步 S0.1。若 I0.2 的常开触点闭合，将执行指令 "SCRT S0.2"，转换到步 S0.2。

图 5-28 中，步 S0.3 之前有一个选择序列的合并，当步 S0.1 为活动步（S0.1 为 1 状态），并且 I0.1 满足转换条件，或步 S0.2 为活动步，并且 I0.3 满足转换条件，步 S0.3 都应变为活动步。在步 S0.1 和步 S0.2 对应的 SCR 段中，分别用 I0.1 和 I0.3 的常开触点驱动指令 "SCRT S0.3"，就能实现选择系列的合并。

3. 并行序列的编程方法

图 5-28 中步 S0.3 之后有一个并行序列的分支，若步 S0.3 是活动步，并且 I0.4 满足转换条件，步 S0.4 与步 S0.6 应同时变为活动步，这是用 S0.3 对应的 SCR 段中 I0.4 的常开触点同时驱动指令 "SCRT S0.4" 和 "SCRT S0.6" 来实现的。与此同时，S0.3 被自动复位，步 S0.3 变为不活动步。

步 S1.0 之前有一个并行序列的合并，因为转换条件为 1（总是满足），转换实现的条件是所有的前级步（即步 S0.5 和步 S0.7）都是活动步。图 5-28 中用以转换为中心的编程方法，将 S0.5、S0.7 的常开触点串联，来控制 S1.0 的置位和 S0.5、S0.7 的复位，从而使步 S1.0 变为活动步，步 S0.5 和步 S0.7 变为不活动步。

【操作指导】

1. 绘制控制电路原理图

根据学习任务绘制控制电路原理图，系统采用 S7-200 CPU224 AC/DC/RLY 型 PLC，其 I/O 接线如图 5-29 所示。

图 5-29　交通灯自动控制电路

2. 安装电路

（1）检查元器件，根据表 5-1 配齐元器件，检查元件的规格是否符合要求，检测元件的质量是否完好。

（2）固定元器件，按照元器件规划位置，安装 DIN 导轨及走线槽，固定元件。

（3）配线安装，根据配线原则及工艺要求，对照原理图进行配线安装。电源进线及输入输出元器件均通过接线端子 TX 后与主板相接。

3. 自检

（1）检查布线，对照原理图检查是否掉线、错线，是否漏编、错编，接线是否牢固等。

（2）使用万用表检测，应重点检查 PLC 配线是否正确，输入回路及输出回路之间是否可靠隔离。

4. 编辑控制程序

在装有 STEP7-Micro/WIN V4.0 SP6 编程软件的个人电脑上采用 SCR 指令编辑 PLC

交通灯自动控制程序，编译后保存为"＊.mwp"文件备用。图 5-30(a) 是交通灯自动控制梯形图程序，图 5-30(b) 是与之对应的指令表程序。

(a) 梯形图程序　　　　　　　　　　　　(b) 指令表程序

图 5-30　交通灯自动控制电路程序

输入输出继电器地址分配如表 5-9 所示。

表 5-9　输入输出继电器的地址分配表

编程元件	I/O 端子	电路器件	作　　用
输入继电器	I0.1	SB	启动按钮
输出继电器	Q0.0	HL1	红灯
	Q0.1	HL2	绿灯

其他编程元件地址分配如表 5-10 所示。

表 5-10　其他编程元件的地址分配

编程元件	编程地址	预置值	作　　用
定时器	T37	200	红灯点亮时间
（100ms）	T38	200	绿灯点亮时间
顺序控制继电器	S0.0	—	初始状态位
	S0.1	—	红灯亮、绿灯熄状态位
	S0.2	—	绿灯亮、红灯熄状态位

当 PLC 上电时，开机脉冲 SM0.1 使系统进入初始化状态 S0.0。当按下启动按钮，I0.1 输入有效时，转入 S0.1，执行程序的第二步，输出点 Q0.0 置 1（点亮红灯），同时启动定时器 T37。经过 20s，步进转移指令使得 S0.2 置 1，S0.1 置 0，程序进入第三步，输出点 Q0.1 置 1（点亮绿灯），同时启动定时器 T38，经过 20s，步进转移指令使得 S0.1 置 1，S0.2 置 0，程序又进入第二步执行。如此周而复始，循环工作。

5. 程序下载

① 在 PLC 断电状态下，用 USB/PPI 电缆连接电脑与 S-7200 CPU224 AC/DC/RLY 型 PLC。

② 合上控制电源开关 QS，将运行模式选择开关拨到 STOP 位置，通过软件将编制好的控制程序下载到 PLC。

注意：一定要在断开 QS 的情况下插拔适配电缆，否则极易损坏 PLC 通信接口。

6. 运行 PLC 交通灯自动控制程序

① 将运行模式选择开关拨到 RUN 位置，使 PLC 进入运行方式。

② 根据任务分析要求，压下启动控制按钮 SB，红绿灯 HL1、HL2 将进入自动运行模式，以亮 20s 再熄 20s 的方式交替闪亮。满足控制要求即表明程序运行正常。

【课后思考】

如果在信号灯由绿变红之前，插入一段黄灯闪烁（频率为 1 次/s）5s 的过渡状态，应怎样编程？

考 核 评 价

考核评价见表 5-11。

表 5-11　考核评价表

考核项目	考核要求	配分	评分标准	(按任务)评分			
				一	二	三	四
元器件安装	1. 合理布置元件; 2. 会正确固定元件	10	1. 元件布置不合理每处扣3分; 2. 元件安装不牢固每处扣5分; 3. 损坏元件每处扣5分				
线路安装	1. 按图施工; 2. 布线合理、接线美观; 3. 布线规范、无线头松动、压皮、露铜及损伤绝缘层	40	1. 接线不正确扣30分; 2. 布线不合理、不美观每根扣3分; 3. 走线不横平竖直每根扣3分; 4. 线头松动、压皮、露铜及损伤绝缘层每处扣5分				
编程下载	1. 正确输入梯形图; 2. 正确保存文件; 3. 会转换梯形图; 4. 会传送程序	30	1. 不能设计程序或设计错误扣10分; 2. 输入梯形图错误一处扣2分; 3. 保存文件错误扣4分; 4. 转换梯形图错误扣4分; 5. 传送程序错误扣4分				
通电试车	按照要求和步骤正确检查、调试电路	20	通电调试不成功,每次扣5分				
安全生产	自觉遵守安全文明生产规程		发生安全事故,0分处理				
时间	5h		1. 提前正确完成,每10分钟加5分; 2. 超过定额时间,每5分钟扣2分				
综合成绩(此栏由指导教师填写)							

习　题

1. 试用"经验"编程法编写满足图 5-31 所示波形的梯形图。
2. 试用"经验"编程法编写满足图 5-32 所示波形的梯形图。

图 5-31　题 1 的图　　　　　　图 5-32　题 2 的图

3. 画出图 5-33 所示波形对应的顺序功能图。

图 5-33　题 3 的图

图 5-34　题 4 的图

4. 小车在初始状态时停在中间，限位开关 I0.0 为 ON，按下启动按钮 I0.3，小车按图 5-34 所示的顺序运动，最后返回并停在初始位置。画出控制系统的顺序功能图，并编写梯形图程序。

5. 指出图 5-35 所示顺序功能图中的错误。

图 5-35　题 5 的图　　　　　　图 5-36　题 6 的图

6. 用 SCR 指令编写出图 5-36 所示顺序功能图的梯形图指令。

7. 采用启-保-停电路的编程方法，编写出图 5-37 所示顺序功能图的梯形图指令。

图 5-37　题 7 的图　　　　　　图 5-38　题 8 的图

8. 使用以转换为中心的顺序控制梯形图设计方法，编写出图 5-38 所示顺序功能图的梯形图指令。

9. 图 5-39 中的两条运输带顺序相连，按下启动按钮，2 号运输带开始运行，10s 后 1 号运输带自动启动。停机的顺序与启动的顺序刚好相反，间隔时间为 8s。画出顺序功能图，试用 4 种不同的编程方法编写出梯形图程序。

图 5-39　题 9 的图

项目六

单按钮启-保-停控制电路

【项目描述】

通常，一台电动机的启动和停止总是由两只控制按钮分别完成的，采用启动按钮、停止按钮及输出元件构成的典型双按钮启-保-停控制回路在各种工控设备中得到了最为普遍的运用，但是在有些场合使用时，会感到很不方便。

当一台电机需要在多点进行操控时，双按钮启-保-停控制会使电路结构较为繁琐。当一台 PLC 控制多个具有启-保-停控制功能的电路时，将占用很多输入点。PLC 的输入/输出点一般是按等于或略大于 1∶1 的比例配置的，由于大多数被控设备是输入信号多、输出信号少，有时在设计一个不太复杂的控制电路时，也会面临输入点数不足，从而导致设备成本增加的问题。因此，仅用一只按钮进行设备启-保-停控制的电路在各种工业控制场合中得到了广泛的运用。

教师根据学生掌握电气及 PLC 基本技能的熟练程度，结合器材准备情况，将学生按项目任务分成相应的 3 个大组，每个大组包含若干个学习小组，各小组成员以 2～3 名为宜。除相关知识讲授及集中点评外，每个小组可选择三个学习任务中的两个进行操作训练。建议完成时间为 12 学时。其中任务一的相关知识讲授约为 0.5 学时，分组操作训练为 3 学时，教师集中点评为 0.5 学时；其余两个任务的相关知识讲授约为 1 学时，分组操作训练为 4.5 学时，教师集中点评为 0.5 学时。

【工具设备】

表 6-1 列出了学习所需的全部工具、设备。根据所选学习任务的不同，各小组领用器材略有区别。

表 6-1 工具、设备清单

分类	名称	型号规格	数量	单位	备注
任务一设备	PLC	S7-200 CPU224 AC/DC/RLY	1	台	
	编程电缆	PC/PPI 或 USB/PC/PPI	1	根	
	断路器（带漏电保护）	DZ47-63 C10LE/3P＋N	1	只	
	小型断路器	DZ47-63 C10/3P	3	只	
	熔断器	RT18-32/6A	9	套	
	熔断器	RT18-32/2A	1	套	

续表

分类	名称	型号规格	数量	单位	备注
任务一设备	交流接触器	CJX2-1201,220V	3	台	
	热继电器	NR2-25 1.6～2.5A	3	台	
	按钮	LA4-3H	1	只	
	三相异步电动机	0.75kW,380V/△形连接	3	台	
任务二设备	PLC	S7-200 CPU224 AC/DC/RLY	1	台	
	编程电缆	PC/PPI 或 USB/PC/PPI	1	根	
	断路器(带漏电保护)	DZ47-63 C10LE/1P＋N	1	只	
	熔断器	RT18-32/2A	1	套	
	按钮	NP2-BA31	6	只	
	指示灯	ND16-22BS/2-220V(红)	6	只	
任务三设备	PLC	S7-200 CPU224 AC/DC/RLY	1	台	
	编程电缆	PC/PPI 或 USB/PC/PPI	1	根	
	断路器(带漏电保护)	DZ47-63 C10LE/3P＋N	1	只	
	小型断路器	DZ47-63 C10/3P	3	只	
	熔断器	RT18-32/6A	9	套	
	熔断器	RT18-32/2A	1	套	
	交流接触器	CJX2-1201,220V	3	台	
	热继电器	NR2-25 1.6～2.5A	3	台	
	按钮	LA4-2H	2	只	
	三相异步电动机	0.75kW,380V/△形连接	4	台	
工具及器材	编程电脑	配备相应软件	1	台	工具及器材适用于所有学习任务
	常用电工工具	—	1	套	
	万用表	MF47	1	只	
	主回路端板	TD-20/20	1	条	
	控制回路端子板	TD-15/20	1	条	
	三相四线电源插头(带线) 单相电源插头(带线)	16A	各1	根	
	安装板	500mm×600mm×1.5mm 金属网孔板	1	块	
	DIN 导轨	35mm	0.5	m	
	NP2 按钮支架(非标)	170 mm×170mm mm×75mm	2	个	
	走线槽	TC4035	若干	m	
	控制回路导线	BVR 1mm² 红色	若干	m	
	主回路导线	BVR 1.5mm² 黑色	若干	m	
	尼龙绕线管	$\phi 8mm$	若干	m	
	螺钉		若干	颗	
	号码管、编码笔		若干		

任务一 采用位逻辑指令编程的电机单按钮控制

【任务目标】

1. 了解继电接触器单按钮启-保-停控制电路的结构及用途。

2. 掌握采用位逻辑指令进行单按钮控制编程的方法。

【任务分析】

电动机单按钮启-保-停控制电路硬件布局如图 6-1 所示。系统有总隔离开关 QS，每台电机的主电路由断路器（QF1～QF3）、熔断器（FU1～FU3）、接触器（KM1～KM3）的常开主触点、热继电器（FR1～FR3）的热元件以及电动机组成。控制电路由熔断器 FU0、PLC、启停按钮 SB1、SB2 及 SB3、接触器线圈及热继电器的常闭触点等构成。

图 6-1 电动机单按钮启-保-停控制电路硬件布局

控制要求如下。

1. 用 SB1、SB2 及 SB3 3 只常开按钮，分别对 M1、M2 及 M3 三台电机进行单按钮启-保-停控制。

2. 电路设有必要的保护装置。

3. 要求三台电机分别用三种不同的方法进行编程。

【相关知识】

1. 继电-接触器单按钮启-保-停控制电路

继电-接触器单按钮启-保-停控制电路如图 6-2 所示。KA1、KA2 为交流电磁继电器，KM 为交流接触器，M 为被控电动机。

图 6-2　继电-接触器单按钮启-保-停控制电路

启动电动机时，按下按钮 SB，继电器 KA1 通电吸合，其常开触点闭合，交流接触器 KM 线圈通电，电动机 M 启动运转。此时继电器 KA2 的线圈因 KA1 的常闭触点已断开而不能通电，所以 KA2 不能吸合。松开按钮开关后，因 KM 已闭合自锁，所以交流接触器 KM 仍吸合，电动机继续运转。但这时 KA1 因 SB 松开而断电释放，其常闭触点复位，为下次启动 KA2 做好准备。

当电动机需要停转时，第二次按下 SB，这时 KA1 线圈通路被接触器常闭辅助触头 KM 切断，所以 KA1 不会吸合，而 KA2 线圈通电吸合。KA2 吸合后，其常闭触点断开，切断 KM 线圈电源，KM 释放，电动机 M 断电停转。同时，KA2 常闭触点切断 KA1 线圈通路，使 KA1 在 KM 辅助触头复位后仍不能通电吸合。手松开按钮开关后，KA2 释放，电路恢复初始状态。

当第三次按下 SB 时，重复上述启动时的动作。可见，当 SB 按下奇数次时，电动机启动运转，而当 SB 按下偶数次时，电动机则停止运转。此外，只有当 SB 按下时，继电器 KA1 或 KA2 才通电，而电动机正常运转或停转时，KA1、KA2 均呈断电状态，可避免电力浪费。

2. 单按钮启停控制的位逻辑指令编程

图 6-3 给出了两种单按钮启停控制的编程方法。在图 6-3(a) 中用到了两个位存储器，它们等同于继电—接触器电路中的中间继电器，这是一种适用于任意品牌系列 PLC 机型的通用编程法。

图 6-3　单按钮启停控制程序

图 6-3（b）中程序结构更为简洁。图中 I0.1 与"P"指令组合所构成的"上升沿检出触点指令"，并不是其他 PLC 中都有的，所以其编程方法只适用于 S7-200 及 FX 等系列 PLC。

图 6-4 所示是另一种单按钮启停控制程序，它使用的是位逻辑指令中置位与复位指令，不仅程序结构简洁，而且编程思路一目了然。

图 6-4　采用置位与复位指令的单按钮启停控制程序

【操作指导】

1. 绘制控制原理图及接线图

根据学习任务绘制控制电路原理图。可参考图 6-5 进行绘制。

图 6-5　电动机单按钮启-保-停控制原理图

2. 安装电路

（1）检查元器件，根据表 6-1 配齐元器件，检查元件的规格是否符合要求，检测元件的质量是否完好。

（2）固定元器件，按照元器件规划位置，安装 DIN 导轨及走线槽。固定元件。

（3）配线安装，根据配线原则及工艺要求，对照原理图进行板上元件和外围设备的配线安装。

电源进线及电机均通过一次回路接线端子 TX1 后与主板相接，输入控制按钮及电机运行指示灯通过二次回路接线端子 TX2 与主板相接。

3. 自检

（1）检查布线。对照原理图检查是否掉线、错线，是否漏编、错编，接线是否牢固等。

（2）使用万用表检测安装的电路，应按先一次主回路，后二次控制回路的顺序进行。

主回路重点检测 L1、L2、L3 之间的电阻值，在断路器断开及接触器处于常态时，阻值均为无穷大；断路器接通并压下接触器时，阻值为电机绕组阻值，非常小。

在进行控制回路检测时，应根据原理图检查是否有错线、掉线、错位、短路等现象。重点检查 PLC 配线是否正确，输入回路及输出回路之间是否可靠隔离。

4. 编辑控制程序

在装有 STEP7-Micro/WIN V4.0 SP6 编程软件的个人电脑上编辑 PLC 控制程序，编译后保存为"＊.mwp"文件备用。图 6-6（a）是三相异步电动机单按钮启-保-停控制梯形图，图 6-6（b）是与之对应的指令表程序。

网络1

```
    I0.0                    M0.0
 ──┤ ├──┤ P ├──           ──(   )──
```

网络2

```
    M0.0      Q0.0         M0.1
 ──┤ ├──┤ P ├────┤ ├──    ──(   )──
```

网络3

```
    M0.0      M0.1         Q0.0
 ──┤ ├──────┤/├──         ──(   )──
    Q0.0
 ──┤ ├──┘
```

网络4

```
    I0.1            Q0.1     M10.0
 ──┤ ├──┤ P ├────┤ ├──    ──(   )──
```

网络5

```
    I0.1         M10.0       Q0.1
 ──┤ ├──┤ P ├──────┤/├──  ──(   )──
    Q0.1
 ──┤ ├──┘
```

网络6

```
    I0.2         Q0.2       M20.0
 ──┤ ├──┤ P ├──────┤/├──  ──( S )──
                               1
              Q0.2          M20.0
          ──┤ ├──         ──( R )──
                               1
```

网络7

```
    M20.0       Q0.2
 ──┤ ├──────    ──(   )──
```

(a) 梯形图程序

网络1
LD   I0.0
EU
=   M0.0
网络2
LD   M0.0
A   Q0.0
=   M0.1
网络3
LD   M0.0
O   Q0.0
AN   M0.1
=   Q0.0
网络4
LD   I0.1
EU
A   Q0.1
=   M10.0
网络5
LD   I0.1
EU
O   Q0.1
AN   M10.0
=   Q0.1
网络6
LD   I0.2
EU
LPS
AN   Q0.2
S   M20.0, 1
LPP
A   Q0.2
R   M20.0, 1
网络7
LD   M20.0
=   Q0.2

(b) 指令表程序

图 6-6　电动机单按钮启-保-停控制梯形图及指令表程序

输入输出继电器地址分配如表 6-2 所示。

表 6-2　输入输出继电器地址分配

编程元件	I/O 端子	电路器件	作　用
输入继电器	I0.0	SB1	M1 启动/停止按钮
	I0.1	SB2	M2 启动/停止按钮
	I0.2	SB3	M3 启动/停止按钮

编程元件	I/O端子	电路器件	作　用
输出继电器	Q0.0	KM1	M1接触器
	Q0.1	KM2	M2接触器
	Q0.2	KM3	M3接触器
位存储器	M0.0	—	Q0.0控制中间变换
	M0.1	—	Q0.0控制中间变换
	M10.0	—	Q0.1控制中间变换
	M20.0	—	Q0.2控制中间变换

5. 程序下载

① 在 PLC 断电状态下，用 USB/PPI 电缆连接电脑与 S7-200 CPU224 AC/DC/RLY 型 PLC。

② 合上控制电源开关 QS，将运行模式选择开关拨到 STOP 位置，通过软件将编制好的控制程序下载到 PLC。

注意：一定要在断开 QS 的情况下插拔适配电缆，否则极易损坏 PLC 通信接口。

6. 通电运行调试

操作 SB1、SB2 及 SB3，观察是否满足任务要求。在监视模式下对比观察各编程元件及输出设备运行情况并做好记录。

【课后思考】

1. PLC 单按钮启-保-停控制电路有什么实际意义？

2. 在图 6-6 所示控制程序中，能否将网络 6 中的 M20.0 直接改为 Q0.2，并省去网络 7？为什么？

任务二　采用功能指令编程的电机单按钮控制

【任务目标】

1. 学习功能指令的有关知识。

2. 学会采用传送指令、比较指令及逻辑运算指令编程的基本方法。

【任务分析】

分析任务一中的位逻辑指令编程的单按钮启停控制电路，不难发现，当所需控制设备数量较多时，编程工作将十分繁琐。本任务要求采用功能指令实现多台设备的单按钮启停控制，从而使程序结构更为简单。所需控制设备数量愈多，愈显出功能指令编程的优越性。

为便于任务实施，负载采用 6 只额定电压为 220V AC 的信号指示灯。控制要求：6 个信号灯 HL1～HL6 分别由 PLC 的 Q0.0～Q0.5 输出继电器驱动。每只信号灯分别由与其编号相同的输入按钮进行单按钮控制，例如每按动一次按钮 SB5，则 HL5 改变一次工作状态。

此外，PLC 上电后，要求所有输出复位，信号灯全灭。

控制电路硬件布局见图 6-7。

图 6-7　信号灯单按钮控制电路硬件布局

【相关知识】

功能指令种类繁多，虽然其助记符与汇编语言相似，略具计算机知识的人不难记忆，但详细了解并记住其功能不是一件容易的事，一般也不必准确记忆其详尽用法，大致了解了 S7-200 有哪些功能指令后，到实际使用时可再查阅相关手册。

一、S7-200 的功能指令格式

1. 使能输入与使能输出

在梯形图中，用方框表示功能指令，这些方框通常称为"盒子"或"功能块"。功能块的输入端均在左边，输出端均在右边（见图 6-8），梯形图中有一条提供"能流"的左侧垂直母线。图 6-8 中 I2.4 的常开触点接通时，能流流到功能块 DIV_I 的数字量输入端 EN，该输入端有能流时，功能指令 DIV_I 才能被执行。

图 6-8　使能输入 EN 与使能输出 ENO

如果功能块在 EN 处有能流而且执行时无错误，则 ENO 端将能流传递给下一个元件。如果执行过程中有错误，能流在出现错误的功能块终止。

ENO 端的输出可以作为下一个功能块的 EN 输入，即几个功能块可以串联在一行中（见图 6-8），只有前一个功能块被正确执行，后一个功能块才能被执行。这种既可将单个功能块作为某网络的输出，也可将多个功能块串联作为网络输出的程序结构，是西门子 S7-200 所特有的。EN 和 ENO 的操作数均为能流，数据类型为 BOOL（布尔）型。

图 6-8 中的功能块 DIV_I 是 16 位整数除法指令。在 RUN 模式下用程序状态功能监视程序的运行情况，令除数 VW12 的值为 0，当 I2.4 为 1 状态时，可以看到有能流流入 DIV_I 指令的 EN 输入端，因为除数为 0，指令执行失败，DIV_I 指令框变为红色，没有能流从它的 ENO 输出端流出。

语句表（STL）中没有 EN 输入指令。为了与梯形图中的 ENO 相对应，语句表设置了 ENO 位，可以用 AENO 指令存取 ENO 位，AENO 用来产生与功能块的 ENO 相同的效果。

图 6-8 中的梯形图对应的语句表为：

```
LD      I2.4
MOVW    VW10,VW14        //VW10→ * VW14
AENO
/I      VW12,VW14        //VW14/VW12→VW14
AENO
MOVB    VB0,VB2          //VB0→VB2
```

语句表中除法指令的操作为 OUT/IN1＝OUT，所以需要增加一条数据传送指令。

各条指令的详细信息可以查阅 S7-200 系统手册。

2. 指令的级连

梯形图中的"─→｜"表示输出是一个可选的能流，用于指令的级连。符号"─→"表示可以使用能流。在图 6-8 中，如果需要，还可连接更多的功能块或线圈。

必须有能流输入才能执行的功能块（有 EN 端子）或线圈指令称为条件输入指令，它们不能直接连接到左侧母线上。如果需要无条件执行这些指令，可以用接在左侧母线上的 SM0.0（该位始终为 1）的常开触点来驱动它们。

有的线圈或功能块的执行与能流无关，例如顺序控制指令 SCR 无 EN 端子，称为无条件输入指令，应将它们直接接在左侧母线上。

不能级连的指令块没有 ENO 输出端和能流流出。JMP、CRET、LBL、NEXT、SCR 和 SCRE 等属于这类指令。

3. 操作数类型及长度

操作数是功能指令涉及或产生的数据。功能框及语句中用"IN"及"OUT"表示的即为操作数。操作数又可分为源操作数、目标操作数及其他操作数。源操作数是指令执行后不改变其内容的操作数。目标操作数是指令执行后将改变其内容的操作数。从梯形图符号来说，功能框左边的操作数通常是源操作数，功能框右边的操作数为目标操作数，如图 6-8 中

DIV_I指令中"IN1""IN2"为源操作数,"OUT"为目标操作数。

操作数的类型及长度必须和指令相配合。S7-200系列PLC的数据存储单元有I、Q、V、M、SM、S、I、AC等多种类型,长度表达形式有字节(B)、字(W)、双字(DW)多种,需认真选用。指令各操作数适合的数据类型及长度可在指令表说明部分查阅。

编程时,软件会在需要输入操作数的地方显示红色问号"????"。

二、传送指令

传送指令含单个数据传送及一次性多个连续字块的传送两种,每种又可依传送数据的类型分为字节、字、双字或者实数等几种情况。传送指令用于机内数据的流转与生成,可用于存储单元的清零、程序初始化等场合。

1. 字节、字、双字、实数传送指令

字节传送指令(MOVB)、字传送指令(MOVW)、双字传送指令(MOVD)和实数传送指令(MOVR)在不改变原值的情况下将IN中的值传送到OUT。表6-3给出了以上指令的表达形式及操作数。

表6-3 字节、字、双字、实数传送指令

	项目	字节传送	字传送	双字传送	实数传送
指令表达式	梯形图(LAD)	MOV_B EN ENO ????—IN OUT—????	MOV_W EN ENO ????—IN OUT—????	MOV_DW EN ENO ????—IN OUT—????	MOV_R EN ENO ????—IN OUT—????
	指令表(STL)	MOVB IN,OUT	MOVW IN,OUT	MOVD IN,OUT	MOVR IN,OUT
操作数	数据类型	BYTE	WORD,INT	DWORD,DINT	REAL
	IN	IB、QB、VB、MB、SMB、SB、LB、AC、*VD、*LD、*AC、常数	IW、QW、VW、MW、SMW、SW、T、C、LW、AC、AIW、*VD、*AC、*LD、常数	ID、QD、VD、MD、SMD、SD、LD、HC、&VB、&IB、&QB、&MB、&SB、&T、&C、&SMB、&AIW、&AQW、AC、*VD、*LD、*AC、常数	ID、QD、VD、MD、SMD、SD、LD、AC、*VD、*LD、*AC、常数
	OUT	IB、QB、VB、MB、SMB、SB、LB、AC、*VD、*LD、*AC	IW、QW、VW、MW、SMW、SW、T、C、LW、AC、AQW、*VD、*LD、*AC	ID、QD、VD、MD、SMD、SD、LD、AC、*VD、*LD、*AC	ID、QD、VD、MD、SMD、SD、LD、AC、*VD、*LD、*AC

2. 字节立即传送指令

字节立即传送指令含字节立即读指令(BIR)及字节立即写(BIW)指令,允许在物理I/O和存储器之间立即传送一个字节数据。字节立即读指令(BIR)读物理输入IN,并存入OUT,不刷新过程映像寄存器。字节立即写指令(BIW)从存储器IN读取数据,写入物理输出,同时刷新相应的过程映像区。表6-4为字节立即传送指令的表达形式及操作数。

表 6-4　字节立即传送指令

项目		字节立即读指令	字节立即写指令
指令表达式	梯形图（LAD）	MOV_BIR EN　ENO ????−IN　OUT−????	MOV_BIW EN　ENO ????−IN　OUT−????
	指令表（STL）	BIR IN,OUT	BIW IN,OUT
操作数	数据类型	BYTE	BYTE
	IN	IB、＊VD、＊LD、＊AC	IB、QB、VB、MB、SMB、SB、LB、AC、＊VD、＊LD、＊AC，常数
	OUT	IB、QB、VB、MB、SMB、SB、LB、AC、＊VD、＊LD、＊AC	QB、＊VD、＊LD、＊AC

3.块传送指令

字节块（BMB）的传送、字块（BMW）的传送和双字块的传送（BMD）指令传送指定数量的数据到一个新的存储区，数据的起始地址为 IN，数据的长度为 N 个字节、字或双字，新块的起始地址为 OUT。N 的范围从 1 至 255。表 6-5 为块传送指令的表达形式及操作数。

表 6-5　块传送指令

项目		字节的块传送	字的块传送	双字的块传送
指令表达式	梯形图（LAD）	BLKMOV_B EN　ENO ????−IN　OUT−???? ????−N	BLKMOV_W EN　ENO ????−IN　OUT−???? ????−N	BLKMOV_D EN　ENO ????−IN　OUT−???? ????−N
	指令表（STL）	BMB IN,OUT,N	BMW IN,OUT,N	BMD IN,OUT,N
操作数	数据类型	BYTE	WORD，INT	DWORD，DINT
	IN	IB、QB、VB、MB、SMB、SB、LB、＊VD、＊LD、＊AC	IW、QW、VW、SMW、SW、T、C、LW、AIW、＊VD、＊LD、＊AC	ID、QD、VD、MD、SMD、SD、LD、＊VD、＊LD、＊AC
	OUT	IB、QB、VB、MB、SMB、SB、LB、＊VD、＊LD、＊AC	IW、QW、VW、MW、SMW、SW、T、C、LW、AQW、＊VD、＊LD、＊AC	ID、QD、VD、MD、SMD、SD、LD、＊VD、＊LD、＊AC
	N	BYTE		
		IB、QB、VB、MB、SMB、SB、LB、AC、常数、＊VD、＊LD、＊AC		

三、比较指令

比较指令含数值比较指令及字符串比较指令，数值比较指令用于比较两个数值，字符串比较指令用于比较两个字符串的 ASCⅡ 码字符。比较指令在程序中主要用于建立控制节点。

数值比较包含以下 6 种情况：

$IN1＝IN2$，$IN1≥IN2$，$IN1≤IN2$，$IN1＞IN2$，$IN1＜IN2$，$IN1＜＞IN2$。

被比较的数据可以是字节（BYTE）、整数（INT）、双字（DINT）及实数（REAL）。其中，字节比较是无符号的，整数、双字、实数的比较是有符号的。

比较指令以触点形式出现在梯形图及指令表中．因而有"LD"、"A"、"O"三种基本形式。

对于梯形图 LAD，当比较结果为真时，指令使能流接通；对于指令表 STL，比较结果为真时，将栈顶值置1。比较指令为上下限控制及事件的比较判断提供了极大的方便。仅以字节相等比较指令"＝＝B"为例，当其出现在梯形图中的不同位置时，指令表则相应采用不同的表达形式，详见表6-6。其他五种数值比较指令格式类同。

表 6-6　字节相等比较指令及数值比较指令操作数

触点位置	梯形图	指令表	功　能
触点与左侧母线相连	IN1 ┤==B├ IN2	LDB=IN1,IN2	
串联触点	IN1 ┤==B├ IN2	AB=IN1,IN2	操作数 IN1 和 IN2 进行无符号整数比较
并联触点	IN1 ┤==B├ IN2	OB=IN1,IN2	

	数值比较指令操作数有效范围	
IN1,IN2	BYTE	IB、QB、VB、MB、SMB、SB、LB、AC、＊VD、＊LD、＊AC、常数
	INT	IW、QW、VW、MW、SMW、SW、LW、T、C、AC、AIW、＊VD、＊LD、＊AC、常数
	DINT	ID、QD、VD、MD、SMD、SD、LD、AC、HC、＊VD、＊LD、＊AC、常数
	REAL	ID、QD、VD、MD、SMD、SD、LD、AC、＊VD、＊LD、＊AC、常数
OUT	BOOL	I、Q、V、M、SM、S、T、C、L、能流

表 6-7 所示为数值比较指令示例程序。M0.0 和 10ms 定时器 T33 组成了一个脉冲发生器，使 T33 的当前值按表 6-7 中时序图所示的波形变化。比较指令用来产生脉冲宽度可调的方波，Q0.0 为 0 的时间取决于比较指令"LDW≥T33，40"中第2个操作数的值"40"。

表 6-7　数值比较指令示例程序

梯形图（LAD）	指令表（STL）
网络1　　网络标题 M0.0　　　　　　T33 ┤／├　　　　IN　TON 　　　　100─PT　10ms 网络2 T33　　　M0.0 ┤├　　　（ ） 网络3 T33　　　Q0.0 ┤≥=I├　（ ） 40	网络1 LDN　　M0.0 TON　　T33,100 网络2 LD　　　T33 =　　　　M0.0 网络3 LDW≥　T33,40 =　　　　Q0.0

续表

四、逻辑运算指令

逻辑运算是对无符号数进行的逻辑处理，主要包括逻辑与、逻辑或、逻辑异或和取反等运算指令。按操作数长度可分为字节、字和双字逻辑运算。IN、IN1、IN2、OUT 操作数的数据类型：B、W、DW，寻址范围见表 6-8。

表 6-8　逻辑运算指令操作数寻址范围

输入/输出	数据类型	操作数
IN1、IN2 （与、或、异或） IN（取反）	BYTE	IB、QB、VB、MB、SMB、SB、LB、AC、* VD、* LD、* AC、常数
	WORD	IW、QW、VW、MW、SMW、SW、LW、T、C、AC、AIW、* VD、* LD、* AC、常数
	DWORD	ID、QD、VD、MD、SMD、SD、LD、AC、HC、* VD、* LD、* AC、常数
OUT	BYTE	IB、QB、VB、MB、SMB、SB、LB、AC、* VD、* AC、* LD
	WORD	IW、QW、VW、MW、SMW、SW、T、C、LW、AC、* VD、* AC、* LD、
	DWORD	ID、QD、VD、MD、SMD、SD、LD、AC、* VD、* LD、* AC

逻辑运算指令格式为指令盒形式，以字节操作逻辑运算指令为例，其格式见表 6-9。

表 6-9　逻辑运算指令格式（字节操作）

梯形图（LAD）	功能
![WAND_B / WOR_B / WXOR_B / INV_B 指令盒] WAND_B　EN ENO　????-IN1 OUT-????　????-IN2 WOR_B　EN ENO　????-IN1 OUT-????　????-IN2 WXOR_B　EN ENO　????-IN1 OUT-????　????-IN2 INV_B　EN ENO　????-IN OUT-????	字节与、或、异或、取反

1. 逻辑与指令（WAND）

逻辑与操作指令包括字节（B）、字（W）、双字（DW）3 种数据长度的与操作指令。

逻辑与指令功能：使能端 EN 输入有效时，把两个字节（字、双字）长的输入逻辑数按位相与，得到一个字节（字、双字）逻辑运算结果，送到 OUT 指定的存储器单元输出。

STL 指令格式如下。

(1) 字节逻辑与运算：MOVB   IN1，OUT

                        ANDB   IN2，OUT

(2) 字逻辑与运算： MOVW   IN1，OUT

                        ANDW   IN2，OUT

(3) 双字逻辑与运算：MOVD   IN1，OUT

                        ANDD   IN2，OUT

2. 逻辑或指令（WOR）

逻辑或操作指令包括字节（B）、字（W）、双字（DW）等 3 种数据长度的或操作指令。

逻辑或指令的功能：使能端 EN 输入有效时，把两个字节（字、双字）长的输入逻辑数按位相或得到的一个字节（字、双字）逻辑运算结果，送到 OUT 指定的存储器单元输出。

STL 指令格式如下。

(1) 字节逻辑或运算：MOVB   IN1，OUT

                        ORB   IN2，OUT

(2) 字逻辑或运算： MOVW   IN1，OUT

                        ORW   IN2，OUT

(3) 双字逻辑或运算：MOVD   IN1，OUT

                        ORD   IN2，OUT

3. 逻辑异或指令（WXOR）

逻辑异或操作指令包括字节（B）、字（W）、双字（DW）等 3 种数据长度的异或操作指令。

逻辑异或指令的功能：使能端 EN 输入有效时，把两个字节（字、双字）长的输入逻辑数按位相异或，得到的一个字节（字、双字）逻辑运算结果，送到 OUT 指定的存储器单元输出。

STL 指令格式如下。

(1) 字节逻辑异或运算：MOVB   LN1，OUT

                        XORB   LN2，OUT

(2) 字逻辑异或运算： MOVW   IN1，OUT

                        XORW   IN2，OUT

(3) 双字逻辑异或运算：MOVD   IN1，OUT

                        XORD   LN2，OUT

与、或、异或指令示例程序见表 6-10。

表 6-10　与、或、异或指令示例程序

梯形图（LAD）	指令表（STL）
网络1 I4.0 ┤├ — WAND_W EN　ENO AC1─IN1　OUT─AC0 AC0─IN2 WOR_W EN　ENO AC1─IN1　OUT─VW100 VW100─IN2 WXOR_W EN　ENO AC1─IN1　OUT─AC0 AC0─IN2	网络1 LD　　I4.0 ANDW　AC1，AC0 ORW　　AC1，VW100 XORW　AC1，AC0 字与　　　　　　　　　字或 AC1 `0001 1111 0110 1101`　AC1 `0001 1111 0110 1101` 　　AND　　　　　　　　　或 AC0 `1101 0011 1110 0110`　VW100 `1101 0011 1010 0000` 　　等于　　　　　　　　等于 AC0 `0001 0011 0110 0100`　VW100 `1101 1111 1110 1101` 字异或 AC1 `0001 1111 0110 1101` 　　XOR AC0 `0001 0011 0110 0100` 　　等于 AC0 `0000 1100 0000 1001`

4．取反指令（INV）

取反指令包括字节（B）、字（W）、双字（DW）等 3 种数据长度的取反操作指令。

取反指令功能：使能端 EN 输入有效时，将一个字节（字、双字）长的逻辑数按位取反，得到的一个字节（字、双字）逻辑运算结果，送到 OUT 指定的存储器单元输出。

STL 指令格式分别为：

（1）字节取反指令：MOVB　IN，OUT

INVB　OUT

（2）字取反指令：　MOVW　IN，OUT

INVW　OUT

（3）双字取反指令：MOVD　IN，OUT

INVD　OUT

取反指令示例程序见表 6-11。

表 6-11　取反指令示例程序

梯形图（LAD）	指令表（STL）
网络1 I4.0 ┤├ — INV_W EN　ENO AC0─IN　OUT─AC0	网络1 LD　　I4.0 INVW AC0 字取反　　AC0 `1101 0111 1001 0101` 　　　　执行后 　　　　　AC0 `0010 1000 0110 1010`

【操作指导】

1．绘制控制电路原理图

根据学习任务绘制控制电路原理图，系统采用 S7-200 CPU224 AC/DC/RLY 型 PLC，

其 I/O 接线如图 6-9 所示。

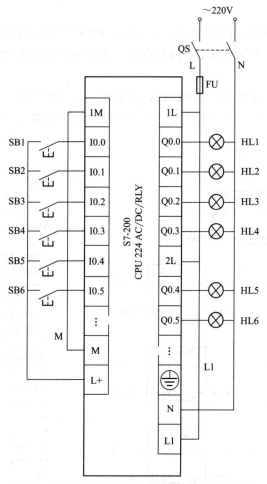

图 6-9　6 只指示灯的单按钮控制电路 I/O 接线图

2. 安装电路

（1）检查元器件，根据表 6-1 配齐元器件，检查元件的规格是否符合要求，检测元件的质量是否完好。

（2）固定元器件，按照元器件规划位置，安装 DIN 导轨及走线槽，固定元器件。

（3）根据配线原则及工艺要求，对照原理图进行配线安装。导线编号除注明外，采用 PLC 端子号。

6 只控制按钮及 6 只指示灯可分别固定在两个自制 NP2 系列按钮支架上，为方便观察，按钮与被控指示灯位置要对应。电源进线直接接 QS 上端，输入控制按钮及输出指示灯通过接线端子 TX 与主板相接。

3. 自检

（1）检查布线。对照原理图检查是否掉线、错线，是否漏编、错编，接线是否牢固等。

（2）使用万用表检测。使用万用表检测安装的电路，应按先输入回路，后输出回路的顺序进行。

4．编辑控制程序

用单按钮实现启停控制的方法有很多，实际上相同的问题总是可以通过不同的途径来解决。只有在对 PLC 指令系统充分了解的基础上，才能灵活运用各种指令，并编制出科学合理的应用程序。

图 6-10 是采用逻辑运算等指令编制的控制程序。程序中所涉及的数据寄存器及输入输出位元件组均为字节 B（8 位），所以该程序能满足 8 个用电器具的单按钮控制，此例中仅利用了前 6 位。

(a) 梯形图程序

网络1
// 开机清0，输出全部复位
LD   SM0.1
MOVB 0，QB0
网络2
// I0.0～I0.5任一键按下，采用脉冲执行方式
// 将输入控制送VB0，如按下I0.3，则：
// 00001000→VB0
// 将VB0取反送VB300备用
// 11110111→VB300
// 将原输出状态送VB100
// ××××××××→VB100
// 将VB100中与I0.3对应位置1送VB200
// ××××1×××→D2
LD   I0.0
O   I0.1
O   I0.2
O   I0.3
O   I0.4
O   I0.5
EU
MOVB IB0，VB0
MOVB VB0，VB300
INVB VB300
MOVB QB0，VB100
MOVB VB0，VB200
ORB VB100，VB200
网络3
// 若VB100=VB200，表明被控位Q0.3原状
// 态为1，则将VB100对应位清零，其余位
// 不变，然后送QB0
LDB= VB100，VB200
MOVB VB300，QB0
ANDB VB100，QB0
网络4
// 若VB100≠VB200，表明被控位Q0.3原状
// 态为零，则将VB100对应位置1，其余位
// 不变，然后送QB0
LDB<> VB100，VB200
MOVB VB0，QB0
ORB VB100，QB0

(b) 指令表程序

图 6-10　6 只指示灯的单按钮控制程序

输入输出继电器地址分配如表 6-12 所示。

表 6-12　输入输出继电器的地址分配表

编程元件	I/O 端子	电路器件/型号	作　用
输入继电器	I0.0	SB1/NP2-BA31	启动/停止按钮
	I0.1	SB2/NP2-BA31	
	I0.2	SB3/NP2-BA31	
	I0.3	SB4/NP2-BA31	
	I0.4	SB5/NP2-BA31	
	I0.5	SB6/NP2-BA31	
输出继电器	Q0.0	HL1/NP2-ND16/AC220V	输出模拟负载信号彩灯
	Q0.1	HL2/NP2-ND16/AC220V	
	Q0.2	HL3/NP2-ND16/AC220V	
	Q0.3	HL4/NP2-ND16/AC220V	
	Q0.4	HL5/NP2-ND16/AC220V	
	Q0.5	HL6/NP2-ND16/AC220V	

5. 程序下载

① 在 PLC 断电状态下，用 USB/PPI 电缆连接电脑与 S7-200 CPU224 AC/DC/RLY 型 PLC。

② 合上控制电源开关 QS，将运行模式选择开关拨到 STOP 位置，通过软件将编制好的控制程序下载到 PLC。

注意：一定要在断开 QS 的情况下插拔适配电缆，否则极易损坏 PLC 通信接口。

6. 通电运行调试

分别操作 SB1～SB6，观察 6 只指示灯是否满足任务要求。在监视模式下，对比各编程元件及输出设备运行情况并做好记录。

【课后思考】

1. 图 6-10 所示程序中，网络 2 所用到的"P"指令有什么作用？如果将该触点短路，结果会怎样？

2. 分析图 6-10 所示参考梯形图程序，说明各指令行在 PLC 工作时的执行顺序。

任务三　用一只启动按钮和一只停止按钮控制多台设备的启停

【任务目标】

1. 学习程序控制指令、移位和循环移位等功能指令

2. 掌握采用移位和循环移位等功能指令进行编程的基本方法

【任务分析】

本学习任务要求用 4 只常开按钮，通过 PLC 控制 M1、M2、M3 及 M4 四台电动机的启

动与停止。控制电路硬件布局见图 6-11 所示。

图 6-11　多台设备启/停控制硬件电路布局

控制要求具体如下。

1. 启动控制

按钮 SB2（I0.1）专门用于控制各台电动机的启动。当要启动 Q0.1（2 号电机）时，只要连续按动 SB2 按钮两次，并且在第二次按下时保持 0.5s 以上即可。如果要启动 Q0.2（3 号电机），也同样连续按动 SB2 按钮 3 次，且在第三次按下时保持 0.5s 以上即可。同理可随时开启 1 号、4 号电机，并且均不受开动顺序的影响。

2. 停止控制

按钮 SB3（I0.2）专门用于控制各台电动机的停止。在任何一台电动机已经启动的情况下，可随时按照与上述相似的方法按动按钮 SB3（I0.2），以停止一台或数台电动机。每次只能停一台，且均不受停车顺序的影响。

3. 总启及总停控制

为方便控制，按动 SB4 时，可同时开启 4 台电机。按动 SB1 时，可将所有处于运转状态的电动机全部停车。

4. 保护措施

系统具有必要的过载保护和短路保护。

【相关知识】

一、程序控制指令

S7-200 的程序控制指令包括条件结束、停止、看门狗复位、循环、跳转与标号、顺控继电器 SCR 以及诊断 LED 等指令。下面简要介绍其中的几个控制指令。

1. 条件结束（END）、停止（STOP）与看门狗复位（WDR）指令

条件结束指令、停止指令与看门狗复位指令表达式见表 6-13。

表 6-13　条件结束指令、停止指令与看门狗复位指令表达式

项目		条件结束指令	停止指令	看门狗复位指令
指令表达式	梯形图（LAD）	—(END)	—(STOP)	—(WDR)
	指令表（STL）	END	STOP	WDR

（1）条件结束指令。条件结束指令（END）根据前面的逻辑关系终止当前扫描周期。可以在主程序中使用条件结束指令，但不能在子程序或中断服务程序中使用该命令。

（2）停止指令。停止指令（STOP）导致 CPU 从 RUN 转到 STOP 模式，从而可以立即终止程序的执行。如果 STOP 指令在中断程序中执行，那么该中断立即终止，并且忽略所有挂起的中断，继续扫描程序的剩余部分。完成当前周期的剩余动作，包括主用户程序的执行，并在当前扫描的最后，完成从 RUN 到 STOP 模式的转变。

（3）看门狗复位指令。看门狗复位指令（WDR）又称监控定时器复位指令，它允许 S7-200 CPU 的系统看门狗定时器被重新触发，这样可以在不引起看门狗定时器错误的情况下，增加当前扫描所允许的时间。

看门狗定时器又称监控定时器，它的定时时间为 500ms，每次扫描它都被自动复位一次，正常工作时扫描周期小于 500ms，它不起作用。

在以下情况下扫描周期可能大于 500ms，监控定时器会停止执行用户程序：

① 用户程序很长；

② 出现中断事件时，执行中断程序的时间较长；

③ 循环指令使扫描时间延长。

为了防止在正常情况下监控定时器动作，可以将监控定时器复位指令插入到程序中适当的地方，使监控定时器复位。

带数字量输出的扩展模块也有一个监控定时器，每次使用监控定时器复位指令时，应对每个扩展模块的某一个输出字节使用立即写（BIW）指令来复位每个扩展模块的监控定时器。

END、STOP 与 WDR 指令应用示例参见表 6-14。

表 6-14　END、STOP 与 WDR 指令应用示例

梯形图（LAD）	指令表（STL）
网络1 SM5.0 —（STOP） 网络2 SM5.6 —（WDR） MOV_BIW EN ENO QB2—IN OUT—QB2 网络3 I0.0 —（END）	网络 1　//当检测到 I/O 错误时，强制切换到 　　　　//STOP 模式 LD SM5.0 STOP 网络 2　//当 M5.6 接通时，允许扫描周期扩展： 　　　　//1. 重新触发 S7—200 CPU 的看门狗。 　　　　//2. 重新触发第一个输出模块的看门狗。 LD M5.6 WDR BIW QB2,QB2 网络 3　//当 I0.0 接通时，终止当前扫描周期 LD I0.0 END

2. 循环指令

在控制系统中经常遇到需要重复执行若干次同样任务的情况，这时可以使用循环指令。FOR 语句表示循环开始，NEXT 语句表示循环结束。驱动 FOR 指令的逻辑条件满足时，反复执行 FOR 与 NEXT 之间的指令。在 FOR 指令中，需要设置指针 INDX（或称为当前循环次数计数器）、起始值 INIT 和结束值 FINAL，它们的数据类型均为整数。表 6-15 所示为循环指令的表达形式及操作数有效范围。

表 6-15　循环指令表达形式及操作数范围

指令名称	梯形图（LAD）	指令表（STL）
循环开始	FOR EN ENO ????—INDX ????—INIT ????—FINAL	FOR INDX,INIT,FINAL
循环结束	—（NEXT）	NEXT
操作数有效范围（INT）		
INDX	IW、QW、VW、MW、SMW、SW、T、C、LW、AC、* VD、* LD、* AC	
INIT,FINAL	VW、IW、QW、MW、SMW、SW、T、C、LW、AC、AIW、* VD、* AC、常数	

假设 INIT 等于 1，FINAL 等于 10，每次执行 FOR 与 NEXT 之间的指令后，INDX 的值加 1，并将结果与结束值比较。如果 INDX 大于结束值，则循环终止，FOR 与 NEXT 之间的指令将被执行 10 次。如果起始值大于结束值，则不执行循环。

下面是使用 FOR/NEXT 循环的注意事项。

（1）如果启动了 FOR/NEXT 循环，除非在循环内部修改了结束值，否则循环就一直进行，直到循环结束。在循环的执行过程中，可以改变循环的参数。

（2）再次启动循环时，它将初始值 INIT 传送到指针 INDX 中。

（3）FOR 指令必须与 NEXT 指令配套使用。允许循环嵌套，即 FOR/NEXT 循环在另一个 FOR/NEXT 循环之中，最多可以嵌套 8 层。

循环指令应用示例参见表 6-16，该示例程序表明了循环指令嵌套使用时的具体情形。

表 6-16　循环指令应用示例

梯形图（LAD）	指令表（STL）
	网络 1　//当 I2.0 接通时，外循环（标识 //1）执行 100 次。 LD I2.0 FOR VW100，+1，+100 网络 2　//当 I2.1 //接通时，外循环 //每执行一次，内循环执行两次。 LD I2.1 FOR VW225，+1，+2 网络 3　//回路 2 结束。 NEXT 网络 4　//回路 1 结束。 NEXT

3. 跳转及标号指令

跳转指令 JMP 使程序流程跳转到指定标号 N 处的程序分支执行。标号指令 LBL 标记跳转目的地的位置 N。JMP 和对应的 LBL 指令必须在同一程序块中。跳转及标号指令的表达形式及操作数范围见表 6-17。

表 6-17　跳转及标号指令

指令名称	梯形图（LAD）	指令表（STL）
跳转指令	N —(JMP)	JMP N
标号指令	N LBL	LBL N
操作数有效范围（WORD）		
N	常数（0 到 255）	

图 6-12 是跳转指令在梯形图中应用的例子。网络 4 中的跳转指令使程序流程跨过一些程序分支（网络 5～15），跳转到标号 3 处继续运行。跳转指令中的"N"与标号指令中的

图 6-12 跳转指令的应用示例

"N"值相同。在跳转发生的扫描周期中，被跳过的程序段停止执行，该程序段涉及的各输出器件的状态保持跳转前的状态不变，不响应程序相关的各种工作条件的变化。

使用跳转指令应注意以下几点。

① 由于跳转指令具有选择程序段的功能，在同一程序且位于因跳转而不会被同时执行的程序段中的线圈不被视为双线圈。

② 可以有多条跳转指令使用同一标号，但不允许一个跳转同的标号。指令对应两个标号的情况，即在同一程序中不允许存在两个相

③ 可以在主程序、子程序或者中断服务程序中使用跳转指令，跳转指令与相应的标号位置必须位于同一段程序中（无论是主程序、子程序还是中断子程序）。可以在顺序状态程序（SCR）段中使用跳转指令，但相应的标号也必须在同一个 SCR 段中。一般将标号指令设在相关跳转指令之后，这样可以减少程序的执行时间。

④ 在跳转条件中引入上升沿或下降沿脉冲指令时，跳转只执行一个扫描周期，但若用特殊辅助继电器 SM0.0 作为跳转指令的工作条件，跳转就成为无条件跳转。

跳转指令最常见的应用例子是程序初始化及设备的自动、手动两种工作方式涉及的程序段选择。图 6-13 是工作模式选择程序结构示意图，手动/自动模式转换开关接入 PLC 输入控制端 I0.1。当转换开关闭合使 I0.1 为 1 时，程序跳转至标号指令 LBL 1 处，并执行"自动程序段"。当转换开关断开使 I0.1 为 0 时，程序将执行"手动程序段"，并通过跳转指令 JMP 2 跳过"自动程序段"。

表 6-18 为跳转指令示例程序，该程序段用于控制系统的初始化处理，在 PLC 上电时可对变量存储器区域的字节元件 VB100 清 0。

图 6-13 工作模式选择
程序结构示意图

表 6-18 跳转指令示例程序

梯形图（LAD）	指令表（STL）
网络1 SM0.0 ─┤ ├─┤P├─ M10.0 ─( ) 网络2 M10.0 ─┤/├─ 4 (JMP) 网络3 SM0.0 ─┤ ├─ MOV_B [EN ENO] 0─IN OUT─VB100 网络4 4 LBL	网络 1　//扫描第一周期接通 M10.0 LD　　SM0.0 EU =　　　M10.0 网络 2　//扫描第一周期不跳转，执行初 　　　　//化程序，其余周期跳至标号4处运行 LDN　　M10.0 JMP　　4 网络 3　//初始化程序 LD　　SM0.0 MOVB　0，VB100 网络 4　//标号4 LBL　　4

二、移位和循环移位指令

移位指令含左右移位、循环移位、寄存器移位及字节交换等指令。移位指令在程序中可用于诸如乘 2 及除 2 等运算的实现，还可用于取出数据中的有效位数字等操作。移位寄存器指令可使步序控制程序的编制变得更为方便。

1. 字节、字、双字左移和右移指令

字节、字、双字左移位或右移位指令是把输入左移或右移 N 位后，把结果输出到 OUT 中。移位指令对移出位自动补零。如果位数 N 大于或等于最大允许值（对于字节操作为 8，对于字操作为 16，对于双字操作为 32），那么移位操作的次数为最大允许值，并按最大值移位。如果所需移位次数大于零，那么溢出位（SM1.1）上就是最近移出的位值。如果移位操作的结果是 0，零存储器位（SM1.0）就置位。字节（字、双字）左移位或右移位操作是无符号的。对于字和双字操作，当使用有符号数据时，符号位也被移动。表 6-19 为字节、字、双字左移和右移指令的表达形式。

表 6-19　字节、字、双字左移和右移指令的表达形式

项目		字节左移和右移指令	字左移和右移指令	双字左移和右移指令
左移指令	LAD	SHL_B EN　ENO ????—IN　OUT—???? ????—N	SHL_W EN　ENO ????—IN　OUT—???? ????—N	SHL_DW EN　ENO ????—IN　OUT—???? ????—N
	STL	SLB OUT,N	SLW OUT,N	SLD OUT,N
右移指令	LAD	SHR_B EN　ENO ????—IN　OUT—???? ????—N	SHR_W EN　ENO ????—IN　OUT—???? ????—N	SHR_DW EN　ENO ????—IN　OUT—???? ????—N
	STL	SRB OUT,N	SRW OUT,N	SRD OUT,N

2. 字节、字、双字循环移位指令

循环移位指令将被移位数据存储单元的首尾相连，同时又与溢出标志位（SM1.1）连接。

字节、字、双字循环左移或循环右移指令把输入 IN（字节、字、双字）循环左移或循环右移 N 位，把结果输出到 OUT 中。如果所需移位次数 N 大于或等于最大允许值（对于字节操作为 8、对于字操作为 16、对于双字操作为 32），那么在执行循环移位前，先对 N 执行取模操作，得到一个有效的移位次数。取模结果对于字节操作为 0~7，对于字操作为 0~15，对于双字操作为 0~31。如果移位次数为 0，循环移位指令不执行。循环移位指令执行后，最后一位的值会复制到溢出标志位（SM1.1）。如果移位次数不是 8（字节）、16（字）、32（双字）的整数倍，最后被移出的位就会被复制到溢出标志位（SM1.1）。如果移位的结果是 0，零标志位（SM1.0）被置位。

字节操作是无符号的。对于字及双字操作，当使用有符号数据时，符号位也被移位。表

6-20 为字节、字、双字循环移位指令的表达形式。

表 6-20　字节、字、双字循环移位指令的表达形式

项目		字节循环左移和右移	字循环左移和右移	双字循环左移和右移
循环左移	LAD	ROL_B EN　ENO ????–IN　OUT–???? ????–N	ROL_W EN　ENO ????–IN　OUT–???? ????–N	ROL_DW EN　ENO ????–IN　OUT–???? ????–N
	STL	RLB OUT,N	RLW OUT,N	RLD OUT,N
循环右移	LAD	ROR_B EN　ENO ????–IN　OUT–???? ????–N	ROR_W EN　ENO ????–IN　OUT–???? ????–N	ROR_DW EN　ENO ????–IN　OUT–???? ????–N
	STL	RRB OUT,N	RRW OUT,N	RRD OUT,N

3. 左右移位及循环移位指令对标志位、ENO 的影响及操作数的寻址范围

移位指令影响的特殊存储器位：SM1.0（零）、SM1.1（溢出）。如果移位操作使数据变为 0，则 SM1.0 置位。表 6-21 为左右移位及循环移位指令操作数有效寻址范围。

使能流输出 ENO＝0 的条件为运行时间超时和间接寻址错误。

N、IN、OUT 操作数的数据类型为 B、W、DW。

表 6-21　左右移位及循环移位指令操作数有效寻址范围

输入/输出	数据类型	操　作　数
IN	BYTE	IB、QB、VB、MB、SMB、SB、LB、AC、＊VD、＊LD、＊AC、常数
	WORD	IW、QW、VW、MW、SMW、SW、LW、T、C、AC、AIW、＊VD、＊LD、＊AC、常数
	DWORD	ID、QD、VD、MD、SMD、SD、LD、AC、HC、＊VD、＊LD、＊AC、常数
OUT	BYTE	IB、QB、VB、MB、SMB、SB、LB、AC、＊VD、＊LD、＊AC
	WORD	IW、QW、VW、MW、SMW、SW、T、C、LW、AC、＊VD、＊LD、＊AC
	DWORD	ID、QD、VD、MD、SMD、SD、LD、AC、＊VD、＊LD、＊AC
N	BYTE	IB、QB、VB、MB、SMB、SB、LB、AC、＊VD、＊LD、＊AC、常数

移位及循环移位指令示例程序参见表 6-22。

表 6-22　移位及循环移位指令示例程序

梯形图（LAD）	指令表（STL）
网络 1 I4.0　ROR_W 　　　EN ENO AC0–IN OUT–AC0 2–N 　　　SHL_W 　　　EN ENO VW200–IN OUT–VW200 3–N	网络 1 LD I4.0 RRW AC0,2 SLW VW200,3

续表

4. 寄存器移位指令

寄存器移位指令是一个移位长度可指定的移位指令。寄存器移位指令格式及操作数有效寻址范围见表 6-23。

表 6-23 寄存器移位指令格式及操作数有效寻址范围

LAD	STL	功能
SHRB EN ENO ??.?─DATA ??.?─S_BIT ????─N	SHRB DATA,S_BIT,N	寄存器移位
操作数有效寻址范围		

输入/输出	数据类型	操作数
DATA,S_BIT	BOOL	I、Q、V、M、SM、S、T、C、L
N	BYTE	IB、QB、VB、MB、SMB、SB、LB、AC、* VD、* LD、* AC、常数

梯形图中 DATA 为数值输入位，指令执行时将该位的值移入移位寄存器。S_BIT 为寄存器的最低位。N 为移位寄存器的长度，N 为正值时左移位（由低位到高位），DATA 值从 S_BIT 位移入，移出位进入 SM1.1；N 为负值时右移位（由高位到低位），S_BIT 移出到 SM1.1，另一端补充 DATA 移入位的值。

每次使能输入端 EN 有效时，整个移位寄存器移动 1 位。最高位的计算方法：[N 的绝对值－1＋(S_BIT 的位号)]/8，余数即是最高位的位号，商与 S_BIT 的字节号之和即是最高位的字节号。

使 ENO＝0 的条件有：0006（间接寻址错误）、0091（操作数超出范围）、0092（计数区错误）。受影响的 SM 标志位：SM1.1（溢出）。

表 6-24 给出了寄存器移位指令的示例程序。

表6-24 寄存器移位指令示例程序

【操作指导】

1．绘制控制原理图

根据学习任务绘制控制电路原理图，见图6-14。

图6-14 多台设备启/停控制电路

2．安装电路

（1）检查元器件。根据表6-1配齐元器件，检查元件的规格是否符合要求，检测元器件的质量是否完好。

（2）固定元器件。按照元器件规划位置，安装 DIN 导轨及走线槽，固定元器件。

（3）配线安装。根据配线原则及工艺要求，对照原理图进行板上元件和外围设备的配线安装。电源进线及电机均通过一次回路接线端子 TX1 后与主板相接，输入控制按钮通过二次回路接线端子 TX2 与主板相接。

3. 自检

（1）对照原理图检查是否掉线、错线，是否漏编、错编，接线是否牢固等。

（2）使用万用表检测安装的电路，应按先一次主回路，后二次控制回路的顺序进行。

主回路重点检测 L1、L2、L3 之间的电阻值，在断路器断开及接触器处于常态时，阻值均应为无穷大；断路器接通并压下接触器时，为电机绕组阻值（零点几欧姆或几欧姆）。

控制回路检测时，应根据原理图检查是否有错线、掉线、错位、短路等问题。重点检查 PLC 配线是否正确，输入回路及输出回路之间是否可靠隔离。

4. 编辑控制程序

在装有 STEP7-Micro/WIN V4.0 SP6 编程软件的个人电脑上编辑 PLC 控制程序，编译后保存为 "∗.mwp" 文件备用。图 6-15（a）是多台设备启/停控制电路梯形图程序，图 6-15（b）是与之对应的指令表程序。

编程元件的地址分配如下。

① 输入输出继电器地址分配如表 6-25 所示。

表 6-25　输入输出继电器的地址分配表

编程元件	I/O 端子	电路器件/型号	作　用
输入继电器	I0.0	SB1/NP2-BA41(红常开)	全停止按钮
	I0.1	SB2/NP2-BA31(绿常开)	启动按钮
	I0.2	SB3/NP2-BA41(红常开)	停止按钮
	I0.3	SB4/NP2-BA31(绿常开)	全启动按钮
输出继电器	Q0.0	KM1/AC220V	1 号电机接触器
	Q0.1	KM2/AC220V	2 号电机接触器
	Q0.2	KM3/AC220V	3 号电机接触器
	Q0.3	KM4/AC220V	4 号电机接触器

② 其他编程元件地址分配如表 6-26 所示。

表 6-26　其他编程元件的地址分配

编程元件	编程地址	PT 值	作　用
定时器(100ms)	T37	500	操作按钮压下时间设定
特殊功能位存储器	SM0.1	—	初始脉冲
位存储器	M0.0	—	NB0 移位准备
	M0.1～M0.4	—	Q0.0～Q0.3 置位控制
	M10.0	—	NB10 移位准备
	M10.1～M10.4	—	Q0.0～Q0.3 复位控制

(a) 梯形图程序

网络 1
LD   SM0.1
S   M0.0, 1
S   M10.0, 1
网络 2
LD   I0.1
EU
SLB   MB0, 1
网络 3
LD   I0.2
EU
SLB   MB10, 1
网络 4
LD   I0.0
MOVB   0, QB0
网络 5
LD   I0.3
MOVB   16#0F, QB0
网络 6
LD   I0.1
O   I0.2
AN   T37
TON   T37, 5

网络 7
LD   T37
LPS
A   M0.1
S   Q0.0, 1
LRD
A   M10.1
R   Q0.0, 1
LRD
A   M0.2
S   Q0.1, 1
LRD
A   M10.2
R   Q0.1, 1
LRD
A   M0.3
S   Q0.2, 1
LRD
A   M10.3
R   Q0.2, 1
LRD
A   M0.4
S   Q0.3, 1
LPP
A   M10.4
R   Q0.3, 1
网络 8
LD   T37
MOVB   1, MB0
MOVB   1, MB10

(b) 指令表程序

图 6-15　多台设备启/停控制电路程序

5. 程序下载

① 在 PLC 断电状态下，用 USB/PPI 电缆连接电脑与 S7-200 CPU224 AC/DC/RLY 型 PLC。

② 合上控制电源开关 QS，将运行模式选择开关拨到 STOP 位置，通过软件将编制好的控制程序下载到 PLC。

注意：一定要在断开 QS 的情况下插拔适配电缆，否则极易损坏 PLC 通信接口。

6. 通电运行调试

操作 SB1、SB2、SB3 及 SB4，观察是否满足任务要求。在监视模式下对比观察各编程元件及输出设备运行情况并做好记录。

【课后思考】

1. 如果要求用 1 只启动按钮和 1 只停止按钮控制 8 台电机的启动和停止，应如何修改控制程序？

2. 图 6-15 所示控制程序中，网络 2 和网络 3 中为什么要用"P"指令？

考 核 评 价

表 6-27 为考核评价表。

表 6-27　考核评价表

考核项目	考核要求	配分	评分标准	（按任务）评分		
				一	二	三
元器件安装	1. 合理布置元件； 2. 会正确固定元件	10	1. 元件布置不合理每处扣 3 分； 2. 元件安装不牢固每处扣 5 分； 3. 损坏元件每处扣 5 分			
线路安装	1. 按图施工； 2. 布线合理、接线美观； 3. 布线规范、无线头松动、压皮、露铜及损伤绝缘层	40	1. 接线不正确扣 30 分； 2. 布线不合理、不美观每根扣 3 分； 3. 走线不横平竖直每根扣 3 分； 4. 线头松动、压皮、露铜及损伤绝缘层每处扣 5 分			
编程下载	1. 正确输入梯形图； 2. 正确保存文件； 3. 会转换梯形图； 4. 会传送程序	30	1. 不能设计程序或设计错误扣 10 分； 2. 输入梯形图错误一处扣 2 分； 3. 保存文件错误扣 4 分； 4. 转换梯形图错误扣 4 分； 5. 传送程序错误扣 4 分			
通电试车	按照要求和步骤正确检查、调试电路	20	通电调试不成功，每次扣 5 分			
安全生产	自觉遵守安全文明生产规程		发生安全事故，0 分处理			
时间	5h		1. 提前正确完成，每 10 分钟加 5 分； 2. 超过定额时间，每 5 分钟扣 2 分			
综合成绩(此栏由指导教师填写)						

习　题

1. 如图 6-16 所示，当 I0.0 为 1 时，输出继电器中的哪些位置 1？

图 6-16　题 1 的图

2. 运行图 6-17 所示梯形图程序后，输出继电器中的哪些位置 1？

图 6-17　题 2 图

3. 设计语句表程序，实现以下功能：如果 MW4 中的数小于等于 IW2 中的数，令 M0.1 为 1 并保持，反之将 M0.1 复位为 0。

4. 用逻辑操作指令编写一段数据处理程序，使累加器 AC0 与 VW100 存储单元数据进行逻辑与操作，并将运算结果存入累加器 AC0。

5. 用置位 S、复位 R、正跳变 EU（"P"）等指令，设计一个美术灯控制电路。要求当按钮 X005 第一次按下时，辅助继电器 M1 动作，与 Y005 相接的彩灯点亮；按钮 X005 第二次按下时，辅助继电器 M2 动作，与 Y006 相接的彩灯点亮；按钮 X005 第三次按下时，辅助继电器 M3 动作，与 Y005 及 Y006 相接的两只彩灯均点亮；按钮 X005 第四次按下时，辅助继电器 M4 动作，两只彩灯均熄灭。若再次按下按钮，又循环回复为 M1 动作，与 Y006 相接的彩灯点亮。

彩灯控制电路

【项目描述】

随着城市建设的高速发展及市场经济的不断繁荣，各种功能完备的交通信号灯、装饰彩灯、广告彩灯越来越多地出现在城市之中。针对 PLC 得到日益广泛应用的现状，本项目将讲述 PLC 在交通信号指示及不同变化类型彩灯控制系统中的应用。灯的亮灭、闪烁时间及流动方向的控制均通过 PLC 来控制。

观察彩灯的应用，如装饰灯、广告灯、布景灯多种多样的变化，分析其字形变化、色彩变化、位置变化等过程。彩灯变化在整个过程中呈周期性，而且频率不高，均适和采用 PLC 控制。

教师根据学生掌握电气及 PLC 基本技能的熟练程度，结合器材准备情况，将全班同学按项目任务分成相应的两个大组，每个大组包含若干个学习小组，各小组成员以 2～3 名为宜。除相关知识讲授及集中点评外，两个学习任务可分散同步进行。建议完成时间为 12 学时，其中每个任务的相关知识讲授 1 学时，分组操作训练 4.5 学时，教师集中点评 0.5 学时。

【工具设备】

表 7-1 列出了学习所需的全部工具、设备，根据所选学习任务的不同，各小组领用器材略有区别。

表 7-1　工具、设备清单

分类	名称	型号规格	数量	单位	备注
任务一设备	PLC	S7-200 CPU224 AC/DC/RLY	1	台	
	编程电缆	PC/PPI 或 USB/PC/PPI	1	根	
	断路器(带漏电保护)	DZ47-63 C10LE/1P+N	1	只	
	熔断器	RT18-32/2A	1	套	
	指示灯	ND16-22BS/2-220V(红)	2	只	
	指示灯	ND16-22BS/2-220V(绿)	2	只	
	指示灯	ND16-22BS/2-220V(黄)	2	只	
	控制开关	NP2-BD21	1	只	

续表

分类	名称	型号规格	数量	单位	备注
任务二设备	PLC	S7-200 CPU224 AC/DC/RLY	1	台	
	编程电缆	PC/PPI 或 USB/PC/PPI	1	根	
	断路器（带漏电保护）	DZ47-63 C10LE/1P＋N	1	只	
	熔断器	RT18-32/2A	1	套	
	指示灯	ND16-22BS/2-220V（红）	8	只	
工具及器材	编程电脑	配备相应软件	1	台	工具及器材适用于所有学习任务
	常用电工工具	—	1	套	
	万用表	MF47	1	只	
	控制回路端子板	TB-25/12	1	条	
	单相电源插头（带线）	16A	1	根	
	安装板	500mm×600mm×1.5mm 金属网孔板	1	块	
	DIN 导轨	35mm	0.5	m	
	NP2 按钮支架（非标）	170mm×170mm×75mm	1	个	
	走线槽	TC4035	若干	m	
	控制回路导线	BVR 1mm² 红色	若干	m	
	尼龙绕线管	φ8mm	若干	m	
	螺钉		若干	颗	
	号码管、编码笔		若干	只	

任务一　十字路口交通信号灯自动控制电路

【任务目标】

1. 进一步学习顺控继电器 S 及其在并行序列顺序控制场合的应用。

2. 熟悉 SM0.0、SM0.1、SM0.5 等特殊存储器标志位在应用程序中的作用。

3. 掌握双线圈输出问题在 SCR 指令编程时的解决方法。

【任务分析】

城市交通道路中的十字路口是靠交通信号灯来维持交通秩序的。在每个方向都有红、黄、绿 3 种颜色的信号灯，信号灯的动作受开关总体控制，接通控制开关后，信号灯系统开始工作，并周而复始地循环动作；断开控制开关后，系统完成当前循环后停止工作。图 7-1（a）所示是某城市十字路口交通信号灯分布示意图，图 7-1（b）是三色信号灯点亮的时序图。

系统工作时控制要求见表 7-2。

图 7-1　十字路口交通信号灯示意图

表 7-2　十字路口交通信号控制要求

东西	信号	红灯亮			绿灯亮	绿灯闪亮	黄灯亮
	时间	10s			4s	3s	3s
南北	信号	绿灯亮	绿灯闪亮	黄灯亮	红灯亮		
	时间	4s	3s	3s	10s		

控制要求具体分析如下。

（1）东西红灯亮维持 10s，此时南北绿灯也亮，并维持 4s 时间；到 4s 时，南北绿灯闪亮，闪亮 3s 后熄灭；在南北绿灯熄灭时，南北黄灯亮；到 3s 时，南北黄灯熄灭，南北红灯亮。同时东西红灯熄灭，绿灯亮。

（2）南北红灯亮维持 10s，东西绿灯亮维持 4s，然后闪亮 3s 熄灭，接着东西黄灯亮 3s后熄灭；同时东西红灯亮，南北绿灯亮。

（3）在接通控制开关 SA 后，两个方向的信号灯，按上面的要求周而复始地进行工作。

（4）断开 SA，系统完成当前循环后停止工作。

交通信号灯控制电路硬件布局见图 7-2。系统设总隔离开关 QS，控制电路由熔断器 FU、PLC、控制开关 SA 等组成。东西方向和南北方向各用一组三色信号灯进行模拟。

【相关知识】

采用 SCR 顺序控制指令编程，不仅梯形图简单直观，而且使控制变得比较容易，可以大大地缩短程序设计时间。但在涉及双线圈输出的场合，必须妥善加以处理。现以图 7-3 所示花色彩灯控制为例，说明遇到双线圈输出问题时的解决方法。

图 7-3 清楚表明了花式彩灯控制要求，即在 I0.0 接通时，系统以 A 灯亮 5s→A 灯、B 灯一起亮 5s→B 灯亮 5s→ A 灯亮 5s…的方式自动循环。初学者往往很容易根据顺序功能图设计出图 7-4 所示错误的控制梯形图。

图 7-2　十字路口交通信号灯控制电路硬件布局

图 7-3　花式彩灯控制顺序功能图

在图 7-4 中，网络 6 和网络 10 中都出现了 Q0.0 的线圈，在 S0.1 的顺控时间段，A 灯将不能被点亮。因为 PLC 是采用顺序扫描方式工作的，Q0.0 的线圈是在 S0.2 顺控时间段被最后一次扫描的，而此时顺控继电器 S0.2 未激活，Q0.0 无输出。PLC 输出刷新将以最后一次读到的 Q0.0 状态为准，所以 Q0.0 在第一时间段无输出。

图 7-4　错误的控制梯形图

正确的方法是通过位存储器 M 进行中间转换后，再通过或指令驱动 Q0.0 及 Q0.1，其梯形图如图 7-5 所示。

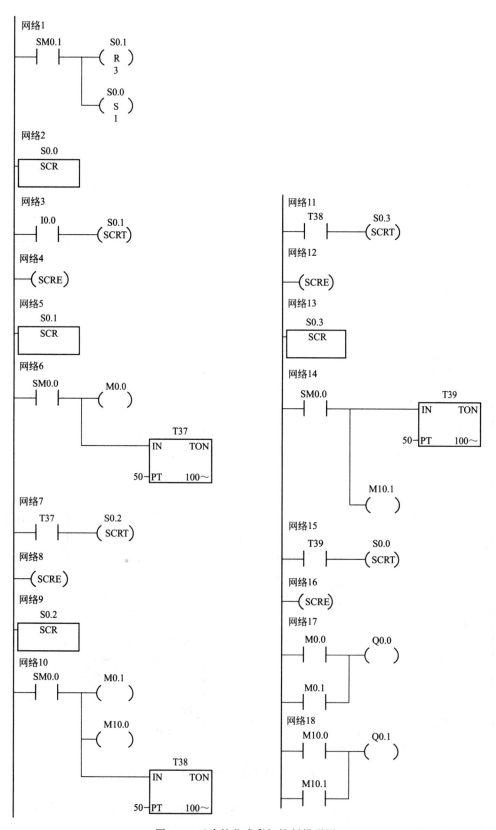

图7-5 正确的花式彩灯控制梯形图

当然，也可使用置位及复位指令进行编程，读者可自行分析其编程方法，此处从略。

【操作指导】

1. 绘制控制原理图

根据学习任务绘制控制电路原理图，参考电路见图 7-6。

图 7-6　十字路口交通信号灯控制电路

2. 安装电路

（1）检查元器件，根据表 7-1 配齐元器件，检查元件的规格是否符合要求，检测元件的质量是否完好。

（2）固定元器件，按照元器件规划位置，安装 DIN 导轨及走线槽，固定元件。

（3）配线安装，根据配线原则及工艺要求，对照原理图进行配线安装。配线编号除注明外，采用 PLC 端子进行编号。

3. 自检

对照原理图检查是否掉线、错线，是否漏编、错编，接线是否牢固等。

控制回路检测时，应根据原理图检查是否有错线、掉线、错位、短路等现象，重点检查 PLC 配线是否正确，输入回路及输出回路之间是否可靠隔离。

4. 编辑控制程序

根据控制要求，先绘制图 7-7 所示顺序功能图，再由此编辑梯形图程序。

图 7-7　十字路口交通信号灯顺序功能图

在装有 STEP7-Micro/WIN V4.0 SP6 编程软件的个人电脑上编辑 PLC 控制程序，编译后保存为"*.mwp"文件备用。图 7-8（a）是十字路口交通信号灯控制梯形图程序，图 7-8（b）是与之对应的指令表程序。

编程元件地址分配如下。

输入输出继电器地址分配如表 7-3 所示。

网络1
LD　　SM0.1
R　　　S0.1, 8
S　　　S0.0, 1
网络2
LSCR　S0.0
网络3
LD　　I0.0
SCRT　S0.1
SCRT　S0.5
网络4
SCRE
网络5
LSCR　S0.1
网络6
LD　　SM0.0
=　　　Q0.0
TON　　T37, 100
网络7
LD　　T37
SCRT　S0.2
网络8
SCRE
网络9
LSCR　S0.2
网络10
LD　　SM0.0
=　　　M0.0
TON　　T38, 40
网络11
LD　　T38
SCRT　S0.3
网络12
SCRE

图 7-8

网络 13
LSCR   S0.3
网络 14
LD   SM0.0
TON   T39, 30
A   SM0.5
=   M0.1
网络 15
LD   T39
SCRT   S0.4
网络 16
SCRE
网络 17
LSCR   S0.4
网络 18
LD   SM0.0
=   Q0.2
TON   T40, 30
网络 19
SCRE
网络 20
LSCR   S0.5
网络 21
LD   SM0.0
=   M10.0
TON   T41, 40
网络 22
LD   T41
SCRT   S0.6
网络 23
SCRE
网络 24
LSCR   S0.6

网络 25
LD SM0.0
TON T42, 30
A   SM0.5
=   M10.1
网络 26
LD T42
SCRT S0.7
网络 27
SCRE
网络 28
LSCR S0.7
网络 29
LD SM0.0
=   Q0.4
TON T43, 30
网络 30
LD T43
SCRT S1.0
网络 31
SCRE
网络 32
LSCR S1.0
网络 33
LD SM0.0
=   Q0.5
TON T44, 100
网络 34
SCRE
网络 35
LD T40
A   T44
R   S0.4, 1
R   S1.0, 1
S   S0.0, 1
网络 36
LD M0.0
O   M0.1
=   Q0.1
网络 37
LD M10.0
O   M10.1
=   Q0.3

(a) 梯形图程序   (b) 指令表程序

图 7-8　十字路口交通信号灯控制程序

表 7-3　输入输出继电器地址分配

编程元件	I/O 端子	电路器件	作　用
输入继电器	I0.0	SA	控制开关
输出继电器	Q0.0	HL1	东西向红灯
	Q0.1	HL2	东西向绿灯
	Q0.2	HL3	东西向黄灯
	Q0.3	HL4	南北向绿灯
	Q0.4	HL5	南北向黄灯
	Q0.5	HL6	南北向红灯

其他编程元件地址分配如表 7-4 所示。

表 7-4　其他编程元件地址分配

编程元件	I/O 端子	PT	作　　用
顺控继电器	S0.0	—	初始状态
	S0.1~S0.4	—	东西向信号灯状态控制
	S0.5~S1.0	—	南北向信号灯状态控制
时间继电器	T37~T40	100、40、30、30	东西向信号灯时间控制
	T41~T44	40、30、30、100	南北向信号灯时间控制
位存储器	M0.0、M0.1	—	Q0.1 控制中间变换
	M10.0、M10.1	—	Q0.3 控制中间变换

5. 程序下载

① 在 PLC 断电状态下，用 USB/PPI 电缆连接电脑与 S7-200 CPU224 AC/DC/RLY 型 PLC。

② 合上控制电源开关 QS，将运行模式选择开关拨到 STOP 位置，通过软件将编制好的控制程序下载到 PLC。

注意：一定要在断开 QS 的情况下插拔适配电缆，否则极易损坏 PLC 通信接口。

6. 通电运行调试

合上或断开控制开关 SA，观察是否满足任务要求。在监视模式下对比观察各编程元件及输出设备运行情况并做好记录。

【课后思考】

1. 在图 7-8 所示控制程序中，两个方向的绿灯都在相邻的两个步序中出现，即双线圈输出。如果采用置位及复位指令，应如何对 Q0.1 及 Q0.3 进行编程？

2. 为什么在关断控制开关 SA 时，系统只能在完成当前循环之后，才能停止所有输出？如果想要在不切断电源的情况下断开 SA，立即关闭所有输出，应如何编程？

任务二　具有三种循环模式的广告彩灯控制电路

【任务目标】

1. 学习 S7-200 系列 PLC 算术运算指令。

2. 掌握比较、传送、增 1/减 1、堆栈操作等指令在 PLC 彩灯循环控制程序中的使用方法。

【任务分析】

广告及节日彩灯通常采用 PLC 进行控制，本电路由 S7-200 CPU224 AC/DC/RLY 单元对 8 只彩灯进行花样循环控制。控制要求为：PLC 上电即开始工作，8 只彩灯按模式 1→模式 2→模式 3→模式 1…不断循环点亮。

① 模式 1：单灯循环点亮运行。该模式下，HL1 首先点亮，0.5s 后 HL1 熄灭 HL2 点亮，依此规律 HL1～HL8 逐一点亮 0.5s。HL8 熄灭后进入下一运行模式。

② 模式 2：4 灯循环点亮运行。进入该模式后，HL1 首先点亮，0.5s 后 HL1 及 HL2 均点亮。又 0.5s 后 HL1、HL2 及 HL3 均点亮。再 0.5s 后 HL1、HL2、HL3 及 HL4 等 4 只彩灯点亮。此后编号为 2345、3456、4567、5678、678、78、8 的彩灯点亮，周期均为 0.5s。当 HL8 熄灭后进入下一运行模式。

③ 模式 3：8 只灯逐一点亮并逐一熄灭。进入该模式后，8 只彩灯按 HL1～HL8 的顺序逐一点亮，然后仍以 HL1～HL8 的顺序逐一熄灭。当 HL8 熄灭后重新进入运行模式 1，并以模式 1→模式 2→模式 3→模式 1…的方式不断循环运行。

根据彩灯循环控制要求，使用 PLC 内部位存储元件 M0.0～M0.3 分别作为系统初始化、模式 1、模式 2 及模式 3 的控制元件，可绘制图 7-9 所示顺序控制工作流程图（SFC），其中 VB0、VB1 及 VB2 为循环节拍计数存储器。

图 7-9　顺序控制工作流程图（SFC）

控制电路硬件布局见图 7-10。

【相关知识】

一、加/减运算指令

加/减运算指令是对符号数的加/减运算操作，包括整数加/减、双整数加/减和实数加/减。

加/减运算指令梯形图采用指令盒格式，指令盒由指令类型、使能端 EN、操作数输入端（IN1、IN2）、运算结果输出端 OUT、逻辑结果输出端 ENO 等组成。

QS　FU　PLC　　　　　　　HL1～HL8(顺时针分布)

TX

图 7-10　三种循环模式彩灯控制电路硬件布局

1. 加/减运算指令格式

加/减运算指令的梯形图格式如表 7-5 所示。

表 7-5　加/减运算指令梯形图格式及功能

梯形图（LAD）			功能
ADD_I EN　ENO ????-IN1　OUT-???? ????-IN2	ADD_DI EN　ENO ????-IN1　OUT-???? ????-IN2	ADD_R EN　ENO ????-IN1　OUT-???? ????-IN2	IN1＋IN2＝OUT
SUB_I EN　ENO ????-IN1　OUT-???? ????-IN2	SUB_DI EN　ENO ????-IN1　OUT-???? ????-IN2	SUB_R EN　ENO ????-IN1　OUT-???? ????-IN2	IN1－IN2＝OUT

2. 指令类型和运算关系

① 整数加/减运算（ADD_I/SUB_I）。使能端 EN 输入有效时，将两个单字长（16位）有符号整数（IN1 和 IN2）相加/减，然后将运算结果送 OUT 指定的存储器单元。
STL 运算指令：

整数加法：MOVW　IN1，OUT　　//IN1→OUT
　　　　　＋I　　IN2，OUT　　//OUT＋IN2＝OUT

整数减法：MOVW　IN1，OUT　　//IN1→OUT
　　　　　－I　　IN2，OUT　　//OUT－IN2＝OUT

从 STL 运算指令可以看出，IN1、IN2 和 OUT 操作数的地址不相同时，STL 将 LAD 的加/减运算分别用两条指令描述。

IN1（IN2）＝OUT 时的整数加法：

+I　IN2，OUT　　//OUT＋IN2＝OUT

IN1 或 IN2＝OUT 时，加法指令节省一条数据传送指令，本规律适用于所有算术运算指令。

② 双整数加/减运算（ADDD＿I/SUBD＿I）。使能端 EN 输入有效时，将两个双字长（32 位）符号整数（IN1 和 IN2）相加/减，运算结果送 OUT 指定的存储器单元输出。

STL 运算指令及运算结果：

双整数加法：MOVD　IN1，OUT　　//IN1→OUT

　　　　　　+D　　IN2，OUT　　//OUT＋IN2＝OUT

双整数减法：MOVD　IN1，OUT　　//IN1→OUT

　　　　　　−D　　IN2，OUT　　//OUT−IN2＝OUT

③ 实数加/减运算（ADD＿R/SUB＿R）。使能端输入 EN 有效时，将两个双字长（32 位）的有符号实数 IN1 和 IN2 相加/减，运算结果送 OUT 指定的存储器单元输出。

LAD 运算结果：IN1±IN2＝OUT

STL 运算指令及运算结果：

实数加法：MOVR　IN1，OUT　　//IN1→OUT

　　　　　+R　　IN2，OUT　　//OUT＋IN2＝OUT

实数减法：MOVR　IN1，OUT　　//IN1→OUT

　　　　　−R　　IN2，OUT　　//OUT−IN2＝OUT

3．加/减运算指令操作数

与其他算术运算指令一样，IN1、IN2、OUT 操作数的数据类型均为 INT、DINT、REAL，操作数见表 7-6 所示。

表 7-6　加/减运算指令操作数

输入/输出	数据类型	操作数
IN1，IN2	INT	IW、QW、VW、MW、SMW、SW、LW、T、C、AC、AIW、＊VD、＊LD、＊AC、常数
	DINT	ID、QD、VD、MD、SMD、SD、LD、AC、HC、＊VD、＊LD、＊AC、常数
	REAL	ID、QD、VD、MD、SMD、SD、LD、AC、＊VD、＊LD、＊AC、常数
OUT	INT	IW、QW、VW、MW、SMW、SW、LW、T、C、AC、＊VD、＊LD、＊AC、
	DINT REAL	ID、QD、VD、MD、SMD、SD、LD、AC、＊VD、＊LD、＊AC

4．对标志位的影响

算术运算指令影响特殊标志的算术状态位 SM1.0～SM1.3，并建立指令盒能流输出 ENO。

① 算术状态位（特殊标志位）。包括 SM1.0（零），SM1.1（溢出），SM1.2（负）。SM1.1 用来指示溢出错误和非法值。如果 SM1.1 置位，SM1.0 和 SM1.2 的状态无效，原

始操作数不变。如果 SM1.1 不置位，SM1.0 和 SM1.2 的状态反映算术运算的结果。

② ENO（能流输出位）。使能端 EN 有效，运算结果无错时，ENO＝1，否则 ENO＝0（出错或无效）。能流输出 ENO 断开的条件：SM1.1＝1（溢出），0006（间接寻址错误），SM4.3（运行时间）。

加/减运算指令示例程序见表 6-8，梯形图指令很容易理解，IN1 总是作为"被"加数或"被"减数，运算结果则送 OUT。如果 OUT 地址与 IN1 或 IN2 中的一个相同，指令执行后该地址中的数据将被更新。与计算机工作原理一样，累加器中的数据被作为"被"加数或"被"减数与加数或减数一起送入运算器运算后，其结果又重新送入累加器，理解这一点后，也就不难读懂示例程序中的指令表了。从表 7-7 中可见，5 条运算指令的第二个操作数均为输出地址。

表 7-7　加/减运算指令示例程序

二、乘/除运算

乘/除运算是对符号数的乘法运算和除法运算。包括整数乘/除运算、双整数乘/除运算、整数乘/除双整数输出运算、实数乘/除运算等。

1.乘/除运算指令格式

乘/除运算指令格式见表7-8。

表 7-8　乘/除运算指令格式及功能

乘/除运算指令采用同加减运算相类似的指令盒格式。指令分为：

① MUL_I/DIV_I 整数乘/除运算；

② MUL_DI/DIV_DI 双整数乘/除运算；

③ MUL/DIV 整数乘/除双整数输出；

④ MUL_R/DIV_R 实数乘/除运算。

LAD 指令执行的结果：

乘法：IN1 * IN2＝OUT；

除法：IN1/IN2＝OUT。

2.乘/除运算指令功能

① 整数乘/除指令（MUL_I/DIV_I）。使能端 EN 输入有效时，将两个单字长（16位）符号整数 IN1 和 IN2 相乘/除，产生一个单字长（16 位）整数结果，从 OUT（积/商）指定的存储器单元输出。

STL 指令格式及功能：

整数乘法：MOVW　IN1，OUT　　　//IN1→OUT

　　　　　*I　　　IN2，OUT　　//OUT * IN2＝OUT

整数除法：MOVW　IN1，OUT　　　//IN1→OUT

　　　　　/I　　　IN2　OUT　　//OUT/IN2＝OUT

②双整数乘/除指令（MUL_DI/DIV_DI）。使能端 EN 输入有效时，将两个双字长（32 位）符号整数 IN1 和 IN2 相乘/除，产生一个双字长（32 位）整数结果，从 OUT（积/商）指定的存储器单元输出。

STL 指令格式及功能：

双整数乘法：MOVD　IN1，OUT　　　//IN1→OUT

　　　　　　*D　　　IN2，OUT　　//OUT * IN2＝OUT

双整数除法：MOVD   IN1，OUT   //IN1→OUT

               /D   IN2，OUT   //OUT/IN2＝OUT

③ 整数乘/除产生双整数指令（MUL/DIV）。使能端 EN 输入有效时，将两个单字长（16 位）符号整数 IN1 和 IN2 相乘/除，产生一个双字长（32 位）整数结果，从 OUT（积/商）指定的存储器单元输出。整数除法产生的 32 位结果中低 16 位是商，高 16 位是余数。

STL 指令格式及功能：

整数乘法产生双整数：MOVW   IN1，OUT   //IN1→OUT

                 MUL   IN2，OUT   //OUT＊IN2＝OUT

整数除法产生双整数：MOVW   IN1，OUT   //IN1→OUT

                 DIV   IN2，OUT   //OUT/IN2＝OUT

④ 实数乘/除法指令（MUL_R/DIV_R）。使能端 EN 输入有效时，将两个双字长（32 位）符号实数 IN1 和 IN2 相乘/除，产生一个双字长（32 位）实数结果，从 OUT（积/商）指定的存储器单元输出。

STL 指令格式及功能：

实数乘法：MOVR   IN1，OUT   //IN1→OUT

         ＊R   IN2，OUT   //OUT＊IN2＝OUT

实数除法：MOVR   IN1，OUT   //IN1→OUT

         /R   IN2，OUT   //OUT/IN2＝OUT

3. 操作数寻址范围

IN1、IN2、OUT 操作数的数据类型根据乘/除运算指令功能分为 INT/（WORD）、DINT、REAL。IN1、IN2、OUT 操作数的寻址范围参见表 7-6。

4. 对标志位的影响

乘/除运算指令影响特殊标志的算术状态位 SM1.0～SM1.3，并建立指令盒能流输出 ENO。

① 乘/除运算指令执行的结果影响算术状态位（特殊标志位）：SM1.0（零），SM1.1（溢出），SM1.2（负），SM1.3（被 0 除）。

乘法运算过程中 SM1.1（溢出）被置位，就不写输出，并且所有其他的算术状态位置为 0。（整数乘法产生双整数指令输出不会产生溢出）。

如果除法运算过程中 SM1.3 置位（被 0 除），其他的算术状态位保留不变，原始输入操作数不变。SM1.3 不被置位，所有有关的算术状态位都是算术操作的有效状态。

② 使能流输出断开（ENO＝0）的条件是：SM1.1（溢出），SM4.3（运行时间），0006（间接寻址错误）。

表 7-9 给出了实数运算指令的示例，其他四则运算指令的使用情况，读者可参阅 S7-200 相关手册。

表 7-9 实数运算指令示例程序

三、递增和递减指令

递增和递减指令常称为增 1/减 1 指令,用于计数器自增、自减操作,以实现累加计数和循环控制等程序的编制。梯形图为指令盒格式,增 1/减 1 指令操作数长度可以是字节（无符号数）、字或双字（有符号数）。IN 和 OUT 操作数寻址范围见表 7-6。指令格式见表 7-10。

表 7-10 增 1/减 1 指令格式

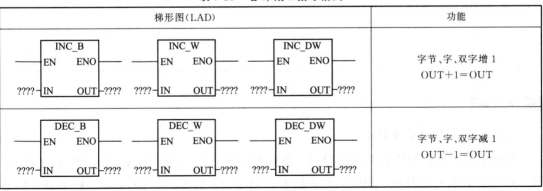

字节增 1 指令（INCB）用于使能端 EN 输入有效时,把一个字节的无符号输入数 IN 加1,得到一个字节的运算结果,通过 OUT 指定的存储器单元输出。

字节减 1 指令（DECB）用于使能端 EN 输入有效对,把一个字节的无符号输入数 IN

减 1，得到一个字节的运算结果，通过 OUT 指定的存储器单元输出。

字增 1（INCW）/减 1（DECW）指令用于使能端 EN 输入有效时，将单字长符号输入数 IN 加 1/减 1，得到一个字的运算结果，通过 OUT 指定的存储器单元输出。

双字增 1（INCDW）/减 1（DECDW）指令用于使能端 EN 输入有效时，将双字长符号输入数 IN 加 1/减 1，得到双字的运算结果，通过 OUT 指定的存储器单元输出。

递增和递减指令的有效操作数见表 7-11。

表 7-11　递增和递减指令的有效操作数

输入/输出	数据类型	操作数
IN	BYTE	IB、QB、VB、MB、SMB、SB、LB、AC、* VD、* LD、* AC、常数
	INT	IW、QW、VW、MW、SMW、SW、LW、T、C、AC、AIW、* VD、* LD、* AC、常数
	DINT	ID、QD、VD、MD、SMD、SD、LD、AC、HC、* VD、* LD、* AC、常数
OUT	BYTE	IB、QB、VB、MB、SMB、SB、LB、AC、* VD、* AC、* LD
	INT	IW、QW、VW、MW、SMW、SW、T、C、LW、AC、* VD、* AC、* LD、
	DINT	ID、QD、VD、MD、SMD、SD、LD、AC、* VD、* LD、* AC

递增和递减指令执行结果影响的算术状态位（特殊标志位）有：SM1.0（结果为 0），SM1.1（溢出），SM1.2（结果为负）。对于字和双字操作有效。

使能流输出断开的条件是：SM1.1（溢出），0006（间接寻址错误）。

递增和递减指令示例程序见表 7-12。

表 7-12　递增和递减指令示例程序

梯形图（LAD）	指令表（STL）
网络1 I4.0 　INC_W 　EN　ENO AC0─IN　OUT─AC0 　DEC_DW 　EN　ENO VD100─IN　OUT─VD100	网络 1 LD　　I4.0 INCW　AC0 DECD　VD100 字递增　125 +1= 126 　　　　AC0　　　　AC0 双字递减　128000 −1= 127999 　　　　　VD100　　　　VD100

【操作指导】

1. 绘制控制电路原理图

根据学习任务绘制控制电路原理图，系统采用 S7-200 CPU224 AC/DC/RLY 型 PLC，其 I/O 接线如图 7-11 所示。图中给出了 PLC 所有端子名及其分布位置，该电路无输入控制元件，所有输入接点均未使用。因 CPU224 为 14 点输入及 10 点输出，所以输出端子中的 Q1.0、Q1.1 也没有使用。受 PLC 触点允许电流限制，实际运用时，每只（组）彩灯功率不得大于 200W。

图 7-11   三种循环模式彩灯控制电路

2．安装电路

（1）检查元器件。根据表 7-1 配齐元器件，检查元件的规格是否符合要求，检测元件的质量是否完好。

（2）固定元器件。按照元器件规划位置安装 DIN 导轨及走线槽，固定元件。

（3）配线安装。根据配线原则及工艺要求，对照原理图进行配线安装。导线编号除注明外，采用 PLC 端子名称编号。8 只指示灯按图 7-10 布局，按序号顺时针安装在按钮支架上，并通过接线端子 TX 与主板相接。

3．自检

（1）检查布线。对照原理图检查是否掉线、错线，是否漏编、错编，接线是否牢固等。

（2）使用万用表检测安装的电路。

4．编辑控制程序

根据图 7-9 所示顺序控制工作流程图（SFC），编辑三种循环模式彩灯控制电路控制程序。参考程序如图 7-12 所示。

编程元件的地址分配如表 7-13 所示。

表 7-13   编程元件地址分配表

编程元件	编程地址	PT 值	作 用
输出继电器	Q0.0～Q0.7	—	彩灯开关控制
定时器(100ms)	T37	5	单灯循环时钟脉冲
	T38	5	四灯循环时钟脉冲
	T39	5	顺序点亮再顺序熄灭时钟脉冲
	T40	1	初始过渡时间
特殊功能位存储器	SM0.1	—	初始脉冲
位存储器	M0.0	—	初始状态控制位
	M0.1	—	单灯循环点亮控制位
	M0.2	—	四灯循环点亮控制位
	M0.3	—	顺序点亮再顺序熄灭控制位
变量存储器位组元件	VB0	—	单灯循环移位计数
	VB1	—	四灯循环移位计数
	VB2	—	顺序点亮再顺序熄灭移位计数

网络1
初始化

网络2

网络3

网络4
单灯循环点亮

网络 1
// 初始化
LD   SM0.1
S   M0.0, 1
R   M0.1, 3
网络 2
LD   M0.0
TON   T40, 1
网络 3
LD   T40
R   M0.0, 1
S   M0.1, 1
网络 4
// 单灯循环点亮
LD   M0.1
LPS
AN   T37
TON   T37, 5
LRD
EU
MOVB 1, QB0
MOVB 0, VB0
LRD
A   T37
SLB   QB0, 1
INCB VB0
LPP
AB=   VB0, 9
S   M0.2, 1
R   M0.1, 1

网络5
四灯循环点亮

```
M0.2      T38                    T38
─┤├──────┤/├────────────┤IN    TON│
                          │          │
                        5─┤PT   100~ │

          ┤P├──────────┬─┤MOV_B     │
                       │ │EN    ENO├──
                       │ │          │
                       │1┤IN   OUT├QB0
                       │
                       │ ┤MOV_B     │
                       │ │EN    ENO├──
                       │ │          │
                       0─┤IN   OUT├VB1

          T38            ┤SHL_B     │
          ┤├────────────┤EN    ENO├──
                      QB0┤IN   OUT├QB0
                        1┤N         │

          QB0         QB0        INC_B
          ┤<B├────────┤<>B├─────┤EN    ENO├──
          15           0        │          │
                              QB0┤IN   OUT├QB0

                         ┤INC_B     │
                         │EN    ENO├──
                      VB1┤IN   OUT├VB1

          VB1        M0.3
          ┤==B├────────(S)
          12            1
                       M0.2
                       (R)
                        1
```

网络6
顺次点亮再顺次熄灭

```
M0.3      T39                    T39
─┤├──────┤/├────────────┤IN    TON│
                          │          │
                        5─┤PT   100~ │

          ┤P├──────────┬─┤MOV_B     │
                       │ │EN    ENO├──
                       │ │          │
                       │1┤IN   OUT├QB0
                       │
                       │ ┤MOV_B     │
                       │ │EN    ENO├──
                       │ │          │
                       0─┤IN   OUT├VB2

          T39            ┤SHL_B     │
          ┤├────────────┤EN    ENO├──
                      QB0┤IN   OUT├QB0
                        1┤N         │

          VB2                    INC_B
          ┤<B├────────────────┤EN    ENO├──
          7                   │          │
                           QB0┤IN   OUT├QB0

                         ┤INC_B     │
                         │EN    ENO├──
                      VB2┤IN   OUT├VB2

          VB2        M0.1
          ┤==B├────────(S)
          16            1
                       M0.3
                       (R)
                        1
```

(a) 梯形图程序

网络5
// 四灯循环点亮
LD   M0.2
LPS
AN   T38
TON   T38, 5
LRD
EU
MOVB 1, QB0
MOVB 0, VB1
LRD
A   T38
LPS
SLB   QB0, 1
AB<   QB0, 15
AB<> QB0, 0
INCB QB0
LPP
INCB VB1
LPP
AB=   VB1, 12
S   M0.3, 1
R   M0.2, 1

网络6
// 顺次点亮再顺次熄灭
LD   M0.3
LPS
AN   T39
TON   T39, 5
LRD
EU
MOVB 1, QB0
MOVB 0, VB2
LRD
A   T39
LPS
SLB   QB0, 1
AB<   VB2, 7
INCB QB0
LPP
INCB VB2
LPP
AB=   VB2, 16
S   M0.1, 1
R   M0.3, 1

(b) 指令表程序

图 7-12 三种循环模式彩灯控制电路参考程序

网络 1～3 为初始化程序段，网络 4～6 中分别采用 M0.1～M0.3 三个位存储器控制彩灯在三种不同循环模式下工作。

网络 4 为单灯循环点亮工作模式程序段。在 M0.1 接通的第一扫描周期，MOV _ B 指令将 Q0.0 置 1，将 Q0.1～0.7 清零，同时将移位计数器 VB0 清零备用。T37 接成脉冲发生器形式，每 0.5s 其常开触点接通一个扫描周期，从而使字节元件 QB0 左移。由于字节移位指令 SHL _ B 在移位后自动补零，所以得到单灯循环点亮效果。

每移位 1 次，VB0 加 1，当比较触点指令检测到已移位 9 次时，将 M0.2 置 1，M0.1 清零，进而转入下一个工作循环方式。

网络 5 所示四灯循环方式与单灯循环不同之处在于：T38 常开触点置 1 时不仅产生左移，而且将 QB0 加 1，即在末位补 1，但补 1 的前提条件由两个比较触点指令控制，即已有四只灯点亮（QB0 为二进制 1111）时不补 1，或者已全部移出时（QB0＝0）也不补 1。从第 1 只灯点亮直至最后一个灯熄灭时，比较触点指令检测到 VB1＝12，进而转入下一工作循环模式。

网络 6 所示工作模式为顺序点亮后再顺序熄灭，只需由比较指令控制移位后的补 1 操作次数小于 7 即可。停止补 1 操作后的继续移位即为顺序熄灭，全部移出后，VB2＝16，系统重新置 M0.1 为 1，程序使系统进入下一个周期的循环。

5．程序下载

① 在 PLC 断电状态下，用 USB/PPI 电缆连接电脑与 S7-200 CPU224 AC/DC/RLY 型 PLC。

② 合上控制电源开关 QS，将运行模式选择开关拨到 STOP 位置，通过软件将编制好的控制程序下载到 PLC。

注意：一定要在断开 QS 的情况下插拔适配电缆，否则极易损坏 PLC 通信接口

6．通电运行调试

通过软件使 PLC 进入运行方式，观察彩灯是否立即按要求方式循环工作。

【课后思考】

1．为什么在三种循环模式彩灯控制电路程序中，MOV 指令采用脉冲执行方式"P"？

2．为什么在三种循环模式彩灯控制电路程序中，要先进行 SHL B 移位操作，再做 INC _ B 操作？

考核评价

考核评价见表 7-14。

表 7-14　考核评价表

考核项目	考核要求	配分	评分标准	（按任务）评分	
				一	二
元器件安装	1. 合理布置元件； 2. 会正确固定元件	10	1. 元件布置不合理每处扣 3 分； 2. 元件安装不牢固每处扣 5 分； 3. 损坏元件每处扣 5 分		

考核项目	考核要求	配分	评分标准	(按任务)评分	
				一	二
线路安装	1. 按图施工； 2. 布线合理、接线美观； 3. 布线规范、无线头松动、压皮、露铜及损伤绝缘层	40	1. 接线不正确扣30分； 2. 布线不合理、不美观每根扣3分； 3. 走线不横平竖直每根扣3分； 4. 线头松动、压皮、露铜及损伤绝缘层每处扣5分		
编程下载	1. 正确输入梯形图； 2. 正确保存文件； 3. 会转换梯形图； 4. 会传送程序	30	1. 不能设计程序或设计错误扣10分； 2. 输入梯形图错误一处扣2分； 3. 保存文件错误扣4分； 4. 转换梯形图错误扣4分； 5. 传送程序错误扣4分		
通电试车	按照要求和步骤正确检查、调试电路	20	通电调试不成功，每次扣5分		
安全生产	自觉遵守安全文明生产规程		发生安全事故，0分处理		
时间	5h		1. 提前正确完成，每10分钟加5分； 2. 超过定额时间，每5分钟扣2分		
综合成绩(此栏由指导教师填写)					

习　题

1. 设计一个报警电路。输入点 I0.0 为报警输入，当 I0.0 为 ON 时，报警灯 Q0.0 闪亮，闪烁规律为 ON 保持 0.5s，OFF 保持 0.5s。报警蜂鸣器 Q0.1 有音响输出。报警响应 I0.1 为 ON 时，报警灯由闪烁变为常亮且停止音响。按下报警解除按钮 I0.2，报警灯熄灭。为测试报警灯和报警蜂鸣器的好坏，可用测试按钮 I0.3 随时测试。试画出控制程序梯形图，写出语句表，并加注释。

2. 用 I0.0 控制接在 Q0.0～Q0.7 上的 8 个彩灯循环移位，用 T37 定时，每 0.5s 移 1 位，首次扫描时给 Q0.0～Q0.7 置初值，用 I0.1 控制彩灯移位的方向，I0.1＝1 时左移，反之右移。设计出彩灯控制梯形图程序。

3. 编写一段程序，将 VB0 开始的 256 个字节存储单元清零。

PLC液位控制

【项目描述】

当一个有排液出口的容器里的液位需要保持在一个范围内时，可用液位控制系统来调控。可对容器设定一个上液位，一个下液位，当容器里的液位达到上液位时，控制装置切断供液泵（电磁阀）的电源，排液出口排液，当容器里的液位降到下液位时，控制装置接通供液泵的电源，液位再缓缓上升，从而来实现半自动化或者全自动化液位控制。当一个有补液进口的容器里的液位需要保持在一个范围内时，则可用控制装置控制排液泵的动作使液位保持平衡。

指导教师可根据具体情况安排学生组织现场观察，例如观察学校高层建筑供水系统，参观企业污水处理站，了解水池液位自动控制的实现方法。

指导教师根据学生掌握电气及PLC基本技能的熟练程度，结合学生自愿报名人数及器材准备情况，分成相应的3个大组，每个大组包含若干个学习小组，每个小组成员2~3名，除相关知识讲授及集中点评外，各个任务可同步进行。建议本项目完成时间为12学时，各小组至少完成本项目中的两个学习任务。每个任务的相关知识讲授约为1学时，分组操作训练约为4.5学时，教师集中点评0.5学时。

【工具设备】

表8-1列出了学习所需的全部工具、设备。根据所选学习任务的不同，各小组领用器材略有区别。

表8-1 工具、设备清单

分类	名称	型号规格	数量	单位	备注
任务一设备	PLC	S7-200 CPU224 AC/DC/RLY	1	台	
	编程电缆	PC/PPI 或 USB/PC/PPI	1	根	
	断路器(带漏电保护)	DZ47-63 C10LE/3P＋N	1	只	
	小型断路器	DZ47-63 C10/3P	2	只	
	熔断器	RT18-32/2A	1	套	
		RT18-32/6A	6	套	
	热继电器	NR2-25 1.6~2.5A	2	只	
	交流接触器	CJX2-1210,220V	2	只	
	按钮	NP2-BA31(绿常开)	2	只	

分类	名称	型号规格	数量	单位	备注
任务一设备	主令开关	NP2-BD25(2位1常开1常闭)	1	只	
		NP2-BD21(2位1常开)	1	只	
	指示灯	ND16-22BS/2-220V(红)	3	只	
	液位开关	行程开关(或两线式光电开关)	2	只	模拟液位
	三相异步电动机	0.75kW.380V/△形连接	2	台	
任务二设备	PLC	S7-200 CPU224 AC/DC/RLY	1	台	
	编程电缆	PC/PPI 或 USB/PC/PPI	1	根	
	断路器(带漏电保护)	DZ47-63 C10LE/3P＋N	1	只	
	小型断路器	DZ47-63 C10/3P	2	只	
	熔断器	RT18-32/2A	1	套	
		RT18-32/6A	6	套	
	热继电器	NR2-25 1.6～2.5A	2	只	
	交流接触器	CJX2-1210,220V	2	只	
	按钮	NP2-BA31(绿常开)	2	只	
	按钮	NP2-BA41(红常开)	2	只	
	主令开关	ND16-22BS/2-220V(红)	1	只	
	指示灯	ND16-22BS/2-220V(红)	3	只	
	液位开关	行程开关(或两线式光电开关)	3	只	模拟液位
	三相异步电动机	0.75kW.380V/△形连接	2	台	
任务三设备	PLC	S7-200 CPU224 AC/DC/RLY	1	台	
	编程电缆	PC/PPI 或 USB/PC/PPI	1	根	
	变频器	FR-E540-0.4K-CH	1	台	
	变频器操作面板	FR-PA02	1	台	
	断路器(带漏电保护)	DZ47-63 C10LE/3P＋N	1	只	
	熔断器	RT18-32/2A	1	套	
		RT18-32/6A	3	套	
	中间继电器	JZX-22FD/220V-2Z	4	只	
	按钮	NP2-BA31(绿常开)	1	只	
	按钮	NP2-BA41(红常开)	1	只	
	指示灯	ND16-22BS/2-220V(红)	4	只	
	三相异步电动机	0.75kW.380V/△形连接	1	台	
工具及器材	常用电工工具	—	1	套	工具及器材适用于所有学习任务。
	万用表	MF47	1	只	
	端子板	TD20/10、TB-25/12、TB-25/05	各1	只	
	三相电源插头	16A	1	只	
	安装板	500mm×600mm×1.5mm 金属网孔板	1	块	
	NP2按钮支架(非标)	170mm×170mm×75mm	1	个	
	DIN导轨	35mm	0.5	m	
	走线槽	TC4035	若干	m	
	导线	一次回路 BVR1.5mm² 黑色 二次回路 BVR1mm² 红色	若干	m	
	螺钉		若干	颗	
	号码管、编码笔		若干	支	

任务一　高-低两点式液位控制双泵排水电路

【任务目标】

掌握两台水泵一用一备时的编程方法。

【任务分析】

图 8-1 所示为高-低两点式液位控制双泵排水系统示意图。调节池进水流量根据生产情况随机变化，其平均值小于单台水泵的排水量。液位控制根据需要，可由主令开关 SA1 选择手动（左位）、自动（右位）两种运行模式。控制要求如下。

图 8-1　高-低两点式液位控制双泵排水系统示意图

1. 自动模式

自动模式时，由安装在调节池的两个液位开关 SQ1（下）、SQ2（上）将液位情况送入 PLC 电路，控制两台水泵自动排水。

（1）主令开关 SA2 闭合时，泵 1 为工作泵，泵 2 为备用泵；SA2 断开时，泵 2 为工作泵，泵 1 为备用泵。

（2）水位低于下限水位时，SQ1 断开，两台泵均不能启动；当水位由低至高至上限液位，检测开关 SQ2 动作时，工作泵启动运行，当水位再次低于下限水位时工作泵方可停止。

2. 手动模式

手动模式下，可手动操作控制按钮 SB1、SB2 使两台泵排水。此时，调节池中的两个液位检测开关及液位指示灯 HL0 照常工作，但两台水泵的工作状态不受其影响。

3. 调节池液位指示

系统设有调节池液位指示灯 HL0，液面到达下限水位时，指示灯 HL0 点亮，液面升高到上限水位时，指示灯 HL0 以"亮 0.5s—熄 0.5s"的方式闪烁。

4. 报警处理

自动运行模式下，当工作泵因故障而停机时，相对应的报警指示灯 HL1 或 HL2 将自动点亮，同时系统自动将备用泵切入运行状态。

高-低两点式液位控制双泵排水电路硬件布局见图 8-2。系统设总隔离开关 QS、每台电机的主电路由断路器 QF1、QF2、熔断器 FU1、FU2、接触器 KM1、KM2 的常开主触点、热继电器 FR1、FR2 的热元件以及电动机组成。控制电路由熔断器 FU0、PLC、主令开关 SA1、SA2、高低两个液位开关、启停按钮 SB1、SB2、接触器线圈、指示灯 HL0～HL2 及热继电器触点等构成。

图 8-2　高-低两点式液位控制双泵排水电路硬件布局

【相关知识】

1. 浮球开关

液位开关是液位控制系统中所必需的，其中以浮球开关最为常见。

（1）侧装式浮球开关。图 8-3(a) 所示为侧装式浮球开关外形。当浮球因浮力作用而上下运动时，接线盒内的磁簧开关（或微动开关）受到臂端磁铁影响，在接通点与断开点之间互换。图 8-3(b) 为安装示意图。

(a) 浮球开关外形　　　　　　　　　　　　(b) 安装示意图

图 8-3　侧装式浮球开关

（2）电缆式浮球开关。电缆式浮球开关利用重力与浮力的原理设计而成，结构简单而合理，外形如图8-4(a)所示。它主要包括浮漂体、设置在浮漂体内的大容量微型开关、能将开关置于通断状态的驱动机构以及与开关相连的三芯高柔性电缆。

电缆浮球开关利用微动开关或水银开关做接点零件，当电缆浮球以重锤为原点上扬一定角度时（通常微动开关上扬角度为$28°\pm2°$，水银开关上扬角度为$10°\pm2°$），开关便会有ON或OFF信号输出。图8-4(b)及图8-4(c)分别表示电缆浮球开关在上下两种液位时的动作位置。液位的控制高度由电缆在液体中的长度及重锤在电缆上的固定位置决定。

(a) 电缆浮球开关外形　　　(b) 上液位动作位置　　　(c) 下液位动作位置

图8-4　电缆式浮球开关

2. 非接触式液位开关

非接触式液位开关最典型的是超声波液位计，如图8-5所示。它主要用于监测储罐液面，实现上下限报警或检测管道中是否有液体存在。这种开关不受介质密度、介电常数、导电性、反射系数、压力、温度、沉淀等因素的影响，适用于医药、石油、化工、电力、食品等行业的各类液体液位工程控制，特别适用于对于有毒的、强腐蚀性的液体的检测。超声波液位计在安装时，其底部发射面要垂直于液面，且与液面距离略大于其检测盲区。由于控制对象通常以液位高度为参照，调试时可通过操作键盘输入储液罐（池）底部与超声波液位计发射面的垂直距离，再设置液体深度以确定内部继电器动作点。超声波液位计内部最多有4个继电器可供使用，每个继电器都可向外部提供一个无源触点，使用时完全等同于浮球开关。图8-5(b)及图8-5(c)分别是超声波液位计的防护面板与接线端子及操作键盘外形图。

(a) 外形　　　　　　(b) 防护面板　　　　(c) 接线端子及操作键盘

图8-5　超声波液位计

【操作指导】

1. 绘制控制原理图及接线图

根据学习任务要求，根据图8-6绘制接线图，合理规划元器件位置。建议元器件按上下方位布局，走线方向按上"进火"下"出火"的规律安排，以方便检测及维修。液位指示灯、转换开关及启/停按钮等安装在专用支架上，并通过二次回路接线端子与电路板相连。液位开关可用行程开关或两线式光电开关进行模拟。

图8-6 高-低两点式液位控制双泵排水电路图

2. 安装电路

（1）检查元器件。根据表8-1配齐元器件，检查元器件的规格是否符合要求，检测元器件的质量是否完好。

（2）固定元器件。按照元器件规划位置，安装DIN导轨及走线槽，固定元器件。

（3）配线安装。根据配线原则及工艺要求，对照原理图进行配线安装。

3. 自检

（1）检查布线。对照原理图检查是否掉线、错线，是否漏编、错编，接线是否牢固等。

（2）使用万用表检测。使用万用表检测安装的电路，应按先一次主回路，后二次控制回路的顺序进行。

4．控制程序编制

使用编程软件在电脑上编辑梯形图程序。参考梯形图程序及指令表如图 8-7 所示。

(a) 梯形图

网络 1
LD   I0.4
LPS
EU
R   M1.0, 16
LPP
JMP   0

网络 2
LD   I0.5
LPS
EU
R   M3.0, 1
LPP
JMP   1

网络 3
LBL   0

网络4
LD   I0.4
LPS
A   I0.2
EU
=   M1.0
LRD
A   M1.0
A   M1.2
=   M1.1
LPP
LD   M1.0
O   M1.2
ALD
AN   M1.1
=   M1.2

网络5
LD   I0.4
LPS
A   I0.3
EU
=   M2.0
LRD
A   M2.0
A   M2.2
=   M2.1
LPP
LD   M2.0
O   M2.2
ALD
AN   M2.1
=   M2.2

网络6
LD   SM0.0
JMP   2

网络7
LBL   1

网络8
LD   I0.1
O   M3.0
A   I0.0
=   M3.0

网络9
LD   I0.6
O   I1.0
A   M3.0
AN   I0.7
=   M1.3

网络10
LDN   I0.6
O   I0.7
A   M3.0
AN   I1.0
=   M2.3

网络11
LBL   2

网络12
LD   I0.0
AN   I0.1
LD   I0.1
A   SM0.5
OLD
=   Q0.0

网络13
LD   I0.7
=   Q0.1

网络14
LD   I1.0
=   Q0.2

网络15
LD   M1.2
O   M1.3
=   Q0.3

网络16
LD   M2.2
O   M2.3
=   Q0.4

(b)指令表

图 8-7 参考梯形图及指令表程序

5．程序下载

在断电状态下，用 PC/PPI 或 USB/PC/PPI 电缆连接计算机与 S7-200 CPU224 型 PLC。经自检，确认电路正确且无安全隐患后，在教师监护下，合上电源开关 QS，通过软件向 PLC 下载控制程序。

6. 通电运行调试

用两个行程开关模拟液位开关动作，操作 SA1、SA2、SB1、SB2，观察是否满足任务要求。在监视模式下对比观察各编程元件及输出设备运行情况并做好记录。

【课后思考】

1. 图 8-7 中，网络 1 中复位指令有什么作用？网络 2 中的复位指令又有什么作用？

2. 图 8-7 所示控制程序中，手动与自动模式的转换，占用了 PLC 的两个输入点，如果只用一个输入点，应怎样编程。

任务二　高-中-低三点式液位控制双泵供水电路

【任务目标】

1. 学习两台水泵以主辅模式工作时的编程。

2. 掌握 T＋C 长延时电路的编程方法。

【任务分析】

图 8-8 所示为储水箱液位控制系统示意图。储水箱出口流量视生产情况随机变化，其平均值大于单台进水水泵流量，而小于两台进水水泵的总流量。液位控制根据需要可由主令开关 SA 选择手动（左位）、自动（右位）两种运行模式（中位停止）。

图 8-8　储水箱液位控制系统示意图

1. 自动模式

自动模式时，储水箱中安装有 3 个液位开关：SQ1（下）、SQ2（中）及 SQ3（上），3 个液位开关均使用其常闭触点。它们将液位情况送入 PLC 电路，控制两台进水水泵自动补水。具体功能如下。

（1）1#泵及 2#泵以一主一辅模式工作。主令开关 SA 由其他工作状态转入自动模式时，系统进入初始状态，1#泵为主泵，2#泵为辅泵。

（2）水位高于上限水位时，SQ1、SQ2、SQ3 的常闭触点均断开，两台泵均不能启动；

水位由高至低使中间液位检测开关 SQ2 动作，其常闭触点回到闭合状态时，主泵启动运行，当水位再次高于上限水位、SQ3 动作时主泵方可停止。

（3）当水位低于下限水位时，SQ1 回复常态，辅泵启动运行，当水位再次高于中间液位检测开关 SQ2 时辅泵方可停止。

（4）1[#]泵及 2[#]泵每 24 小时自动交换主辅工作状态，以提高设备利用率。

2. 手动模式

手动模式下，可操作控制面板上的 SB1、SB2、SB3、SB4，使两台水泵手动供水。此时，储液箱中的三个液位检测开关及液位指示灯照常工作，但两台水泵的工作状态不受其影响。

3. 储水箱液位指示

系统设有液位指示灯 HL0、HL1、HL2，分别与下、中、上三个液面相对应。水位到达上限水位时，3 个液位指示灯均点亮；液面回落到上液位以下、中液位以上时，指示灯 HL0、HL1 点亮；液面回落到中液位以下、下液位以上时，指示灯 HL0 点亮；液面降低到下限水位以下时，液位指示灯均不点亮。

高-中-低三点式液位控制双泵供水控制电路硬件布局如图 8-9 所示。系统设总隔离开关 QS、每台电机的主电路由断路器、熔断器、接触器的常开主触点、热继电器的热元件以及电动机组成。控制电路由熔断器、PLC、主令开关、高低两个液位开关、启停按钮、接触器线圈、指示灯及热继电器等构成。

图 8-9　高-中-低三点式液位控制双泵供水控制电路硬件布局

【相关知识】

1. 任意周期时钟脉冲电路的编程

S7-200 CPU224 型 PLC 中设有 SM0.4、SM0.5 两个特殊辅助继电器，它们分别提供周期为 1min、1s 的两种常用时钟脉冲，其占空比均为 50%。充分利用现有时钟脉冲编程，能简化控制程序并缩短程序执行时间。如果所需时钟周期不能由上述特殊辅助继电器提供，可以采用任意周期时钟脉冲发生器电路编程，这种编程方法是基于 PLC 的扫描工作原理得以实现的，使用时务必使脉冲周期远大 PLC 扫描周期。

图 8-10 中，时钟脉冲周期为 15s，只要改变 PT 值，即可任意调整时钟周期。T37 在 15s 内仅仅输出一个宽度为 PLC 扫描周期的针状脉冲，短暂的毫秒级输出时间在继电器控制电路中是无法做到的。采用任意周期时钟脉冲与 T+C 长延时电路编程方法可实现工业控制中所需的任意长周期时间控制。

(a) 梯形图　　　　　　　　　　　　　　　　　　　(b) 波形图

图 8-10　任意周期时钟脉冲发生器电路编程

2. 两种工作模式的定时自动轮换

在图 8-6 所示排水控制系统中，工作泵的选择是通过专门的转换开关 SA2 手动设置的。如果要实现两台设备的定时轮换，可采用图 8-11 所示自动控制程序。

(a) 梯形图　　　　　　　　　　　　　　　　　　　(b) 波形图

图 8-11　两种工作模式定时轮换的自动控制程序

图 8-11 中，M0.0 为模式选择继电器，当 M0.0 为 1 时，Q0.0 输出；当 M0.0 为 0 时，Q0.1 输出。程序中通过字节取反指令 INV 的作用，C0 每 24h 发出一个针状控制脉冲，M0.0 则每天转换一次工作状态，从而实现两种工作模式的定时自动转换。M0.0 实质上是

一个以48h为周期，占空比为50％的长时间脉冲发生电路。这种能使两台设备交替输出的控制程序在工程实际中的运用是十分普遍的。

【操作指导】

1. 绘制控制原理图及接线图

根据学习任务要求，根据控制电路图8-12绘制接线图，合理规划元器件位置。建议元器件按上下方位布局，走线方向按上"进火"下"出火"的规律安排，以方便检测及维修。

图8-12 储水箱液位控制电路图

液位指示灯、转换开关、启动按钮及停止按钮等安装在专用支架上，并通过二次回路接线端子与电路板相连。液位开关可用行程开关或两线式光电开关进行模拟。

2. 安装电路

（1）检查元器件。根据表8-1配齐元器件，检查元件的规格是否符合要求，检测元件的质量是否完好。

（2）固定元器件。按照元器件规划位置，安装DIN导轨及走线槽，固定元器件。

（3）配线安装。根据配线原则及工艺要求，对照原理图进行配线安装。

图 8-13 所示为参考梯形图程序及指令表。

（a）梯形图

网络1
LD   SM0.4
LDN   I1.0
O   C0
CTU   C0, 1440
网络2
LD   C0
INVB MB0
网络3
LD   I1.0
EU
R   M0.0, 1
网络4
LD   I0.7
LPS
LD   I0.3
O   M10.1
ALD
AN   I0.4
=   M10.1
LPP
LD   I0.5
O   M10.2
ALD
AN   I0.6
=   M10.2
网络5
LD   I1.0
LPS
LD   I0.1
O   M10.3
ALD
A   I0.2
=   M10.3
LPP
LD   I0.0
O   M10.4
ALD
A   I0.1
=   M10.4
网络6
LDN   I0.0
=   Q0.0
网络7
LDN   I0.1
=   Q0.1
网络8
LDN   I0.2
=   Q0.2
网络9
LDN   M0.0
A   M10.3
LD   M0.0
A   M10.4
OLD
O   M10.1
=   Q0.3
网络10
LD   M0.0
A   M10.3
LDN   M0.0
A   M10.4
OLD
O   M10.2
=   Q0.4

（b）指令表

图 8-13　参考梯形图及指令表程序

3. 自检

（1）检查布线。对照原理图检查是否掉线、错线，是否漏编、错编，接线是否牢固等。

（2）使用万用表检测。使用万用表检测安装的电路，应按先一次主回路，后二次控制回路的顺序进行。

主回路重点检测 L1、L2、L3 之间的电阻值，在断路器断开及接触器处常态时，阻值均为无穷大；断路器接通并压下接触器时，为电机绕组阻值。控制回路检测时，应根据原理图检查是否有错线、掉线、错位、短路等。重点检查 PLC 配线是否正确，输入回路及输出回路之间是否可靠隔离。

4. 控制程序编制

使用编程软件在电脑上编辑梯形图程序。参考梯形图程序及指令表如图 8-13 所示。

5. 程序下载

在断电状态下，用 PC/PPI 或 USB/PC/PPI 电缆连接计算机与 S7-200 CPU224 型 PLC。经自检，确认电路正确且无安全隐患后，在教师监护下，合上电源开关 QS，通过软件向 PLC 下载控制程序。

6. 通电运行调试

用 3 个行程开关模拟液位开关动作，操作 SA、1SB1、1SB2，2SB1、2SB2 观察是否满足任务要求。在监视模式下将 T37 的 PT 值设置为 2，观察两台水泵的交替输出情况，对比各编程元件及输出设备运行情况并做好记录。

【课后思考】

1. 图 8-12 中采用的三个液位开关，均使用其常闭触点进行信号的检测，这样做有什么好处？

2. 图 8-13 中，M0.0 将在多长时间内转换一次工作模式？为调试程序方便，将 C0 取值改为 PV2，M0.0 又将在多长时间内转换一次工作模式？

任务三　PLC-变频器排水自动控制

【任务目标】

1. 学习使用三菱 FR-E500 系列变频器。
2. 学习变频器在排水自动控制系统中的应用。

【任务分析】

在任务一所述液位控制系统中，为避免水泵频繁启停，液位开关安装落差较大，使被控液面波动幅度过大；在任务二中增设了一个液位开关，系统可有效控制液面变化范围，但所用设备数量是前者的两倍。

在本任务中，用 S7-200 CPU224 型 PLC、FR-E500 系列变频器、按钮、中间继电器和断路器等构成 PLC-变频器自动排水控制系统，可更好地控制液面变化情况，而且只需采用一台水泵。图 8-14 是调节池 PLC-变频器排水自动控制系统示意图，控制要求具体如下。

图 8-14 调节池 PLC-变频器排水自动控制系统示意图

1. 启动

合上电源开关 QF，电动机通过变频器与电网相连，PLC 上电工作。按下启动按钮 SB1，运行控制输出继电器 Q0.3 置 1，电机根据初始液位情况启动运转。

2. 多段速运行控制

变频器设定三段速运行频率，分别根据 RL、RM 及 RH 与 SD 之间的通断情况使电动机工作在三种速度状态，即低速运行状态、中速运行状态和高速运行状态。它们分别对应于变频器设定的三种输出频率：10Hz、30Hz 和 50Hz。

3. PLC 控制逻辑

调节池装有四个液位开关，由下至上分别为 SQ0、SQ1、SQ2 及 SQ3。SQ3 接通时 PLC 发出高速运行信号，Q0.2 置 1，SQ2 断开时，Q0.2 清 0；同理，SQ2 接通时 PLC 发出中速运行信号，Q0.1 置 1，SQ1 断开时，Q0.1 清 0；SQ1 接通时 PLC 发出低速运行信号，Q0.0 置 1，SQ0 断开时，Q0.0 清零。

4. 停止控制

按下停止按钮 SB2，运行控制输出继电器 Q0.3 清零，电动机停止运转。

5. 保护措施

系统具有必要的过载保护和短路保护。PLC-变频器排水自动控制电路硬件布局见图8-15。系统设总隔离开关 QS。主电路由熔断器 FU1、变频器以及电动机组成。控制电路由熔断器 FU2、PLC、按钮 SB1~SB2、液位开关、中间继电器 KA1~KA4、指示灯 HL1~HL4 等构成。

图 8-15　PLC-变频器排水自动控制系统电路硬件布局

【相关知识】

1. 变频调速基本原理

交流电动机的转速 n 由下式决定

$$n = 60f(1-S)/p$$

式中，f 是电动机定子供电频率；p 是磁极对数；S 是转差率。由上式可见，若能均匀地改变电动机定子供电电源的频率，就可平滑地调节电动机的同步转速。

能将电网的工频电流变换成频率和幅度均可调的电流的设备称为变频电源。变频电源最初主要用于交流电动机的变频调速，故变频电源又称变频调速器，简称变频器。

2. 变频器的基本结构

一般的变频调速系统主要采用交—直—交型变频装置。基本思路是先把三相交流电变为直流电，再经过逆变器变为频率可调的三相交流电。

图8-16是交—直—交型变频调速电路的两种典型结构框图，就功能而言，同类变频器的基本结构大同小异，一般由整流电路、滤波电路、逆变电路等几部分组成。

图 8-16　交—直—交型变频调速电路的两种结构框图

（1）整流器。整流器的的作用是变交流为直流电。在变频技术中，可采用硅整流管构成不可控整流器，也可采用晶闸管构成可控整流器。交流输入电源可为单相，也可为三相，视负载的额定电压和功率要求而定。

（2）滤波器。滤波器用来缓冲直流环节与负载之间的无功功率。电压型变频器采用大电容滤波，电流型变频器采用大电感滤波。

（3）逆变器。功率逆变器的作用是将直流电逆变为频率、幅度可调的交流电。随着可关断晶闸管（GTO）、功率晶体管（GTR）、功率场效应晶体管（功率 MOSFET）、绝缘栅双极晶体管（IGBT）以及 MOS 控制晶闸管（MCT）等新型功率器件的不断问世，功率逆变器的性能越来越完善。

（4）控制电路。控制电路的作用是根据变频调速的不同控制方式产生相应的控制信号，控制功率逆变器中各功率器件的工作状态，使逆变器及整流器（采用可控整流方式时）协调工作，输出预定频率和幅度的交流电源。

3．三菱 FR-E500 系列变频器

（1）外观和结构。三菱 FR-E500 系列变频器的外观和结构见图 8-17 所示。主回路端子排及控制回路端子排均位于前盖板之下。

(a) 前视图　　　　　　　　　　　　　　(b) 拆掉前盖板和辅助板后

图 8-17　FR-E500 系列通用变频器的外观和结构

（2）接线原理。图 8-18 是 FR-E500 系列变频器端子接线图。虚线框中的部分为控制回路输入信号及频率设定信号外接线端子。

（3）变频器的操作模式。变频器有"PU 操作模式"、"外部操作模式"、"组合操作模式"和"通信操作模式"。操作模式由变频器运行控制参数 Pr.79 设置决定。

a. 外部操作模式。出厂时已设定 Pr.79＝0。接通电源时，变频器根据外部启动信号和频率设定信号运行。启动信号必须与频率设定信号一起准备。

b. PU 操作模式。Pr.79＝1。用操作面板控制运行。

图 8-18　FR-E500 系列变频器端子接线图

注：

1. 设定器操作频率高的情况下 请使用 2W1K 的旋钮电位器

2. 使端子 SD 和 SE 绝缘

3. 端子 SD 和端子 5 是公共端子 请不要接地

4. 端子 PC-SD 之间作为直流 24V 的电源使用时 请注意不要让两端子间短路一旦短路会造成变频器损坏

　　c. 组合操作模式 1。PR.79＝3。启动信号是外部启动信号，频率设定由操作面板或参数单元设定。

　　d. 组合操作模式 2。PR.79＝4。启动信号是操作面板的运行指令键，频率设定是外部频率设定信号。

　　e. 通信操作模式。PR.79＝0 或 1，通过 RS-485 通信电缆将个人计算机连接 PU 接口进行通信操作。

　　表 8-2 是控制回路端子说明。

表 8-2　控制回路端子说明

类型		端子记号	端子名称	说　　明	
输入信号	接点输入	STF	正转启动	STF 信号处于 ON 便正转，处于 OFF 便停止	当 STF 和 STR 信号同时处于 ON 时，相当于给出停止指令
		STR	反转启动	STR 信号 ON 为逆转，OFF 为停止	
		RH,RM,RL	多段速度选择	用 RH,RM 和 RL 信号的结合可以选择多段速度	输入端子功能选择（Pr.180～Pr.183）用于改变端子功能
		MRS	输出停止	MRS 信号为 ON(20ms 以上)时，变频器输出停止。用电磁制动停止电机时，用于断开变频器的输出	
		RES	复位	用于解除保护回路动作的保持状态。使端子 RES 信号处于 ON 在 0.1s 以上，然后断开	
		SD	公共输入端子（漏型）	接点输入端子的公共端。直流 24V,0.1A(PC 端子)电源的输出公共端	
		PC	电源输出和外部晶体管公共端接点输入公共端（源型）	当连接晶体管输出（集电极开路输出），例如可编程控制器时，将晶体管输出用的外部电源公共端接到这个端子，可以防止因漏电引起的误动作，端子 PC-SD 之间可用于直流 24V,0.1A 电源输出	
模拟	频率设定	10	频率设定用电源	5VDC,容许负荷电流 10mA	
		2	频率设定（电压）	输入 0～5V(或 0～10V)时，5V(或 10V)对应于为最大输出频率。输入输出成比例；输入直流 0～5V(出厂设定)和 0～10VDC 的切换，用 Pr.73 进行；输入阻抗 10kΩ，容许最大电压为 20V	
		4	频率设定（电流）	输入 DC4～20mA 时，20mA 为最大输出频率，输入，输出成比例。只在端子 AU 信号(注)处于 ON 时，该输入信号有效，输入阻抗约 250Ω，容许最大电流为 30mA	
		5	频率设定公共端	频率设定信号(端子 2,1 或 4)和模拟输出端子 AM 的公共端子。请不要接大地	

　　（4）变频器操作面板及运行参数设置。FR-E500 系列变频器的操作及运行方式是通过数百个运行参数调整决定的。各参数的调整及设置可通过操作面板进行。

　　三菱 E500 系列变频器 FR-PA02-02 型操作面板各部分的名称和作用见图 8-19，表 8-3 是各按键使用说明。

图 8-19　FR-PA02-02 型操作面板

表 8-3 按键说明

按　键	说　明
RUN 键	正转运行指令键
MODE 键	可用于选择操作模式或设定模式
SET 键	用于确定频率和参数的设定
▲ / **▼** 键	• 用于连续增加或降低运行频率。按下这个键可改变频率 • 在设定模式中按下此键，则可连续设定参数
FWD 键	用于给出正转指令
REV 键	用于给出反转指令
STOP RESET 键	• 用于停止运行 • 用于保护功能动作输出停止时复位变频器

变频器用于单纯可变速运行时，在出厂设定的状态下即可完成，若考虑负荷、运行方式时，需设定必要的参数。通过参数设定 可以改变输入接线端子 RL、RM、RH、MRS 和集电极开路输出端子 RUN、FU 等的功能。因此端子名称与使用功能不能简单等同，表 8-2 中的控制回路端子说明是按变频器出厂初始设定进行描述的。

变频器不仅有数量众多的运行参数，而且各参数之间还有很多关联，实际运用时，一定要仔细阅读其使用手册。图 8-20 所示为变频器运行参数调整示例。

图 8-20 变频器运行参数调整示例

（5）变频器的多段速运行控制。多段速度设定在 PU 运行和外部运行中都可以设定。图 8-21 所示为变频器多段速运行控制示意图。其中 1 速、2 速及 3 速对应的运行频率分别由参数 Pr. 4、Pr. 5 及 Pr. 6 进行设定；4～7 速分别由 Pr. 24～Pr. 27 进行设定；8～15 速分别由 Pr. 232～Pr. 239 进行设定。实际使用时有下述几点需要注意。

图 8-21　变频器的多段速运行控制

a. 多段速度比主速度（端子 2-5、4-5）优先。如 Pr. 4、Pr. 5 及 Pr. 6 按出厂设定分别为 50Hz、30Hz、10Hz，端子 2 与端子 5 之间的电压调整为 2.5V（对应于 25Hz），当 RH 与 SD 接通时，输出频率为 50Hz，RH 与 SD 断开时，输出频率为 25Hz。

b. 3 速设定的场合，2 速以上同时被选择时，低速信号的设定频率优先。如 RH 与 SD 接通的同时，RM 与 SD 也接通，输出频率为 30Hz。

c. Pr. 180～Pr. 183 依次用于多段速度设定端子 RH、RM、RL 及 MRS 的参数设定。当一个功能被分配到多个端子上时，端子输入是"或"的关系。

【操作指导】

1. 绘制控制原理图及接线图

根据学习任务绘制控制电路原理图，参考电路见图 8-22。根据电路图绘制接线图，合理规划元器件位置。PLC 尽可能水平放置，并与周围元器件保持适当距离。

液位指示灯、启动按钮及停止按钮等安装在专用支架上，并通过二次回路接线端子与电路板相连。液位开关可用行程开关或两线式光电开关进行模拟。

变频器主回路应通过一次回路接线端子 TD-20/10 与电路板相连，控制回路则通过二次回路接线端子 TB-25/12 与电路板相连。

2. 安装电路

（1）检查元器件。根据表 8-1 配齐元器件，检查元件的规格是否符合要求，检测元件的质量是否完好。

（2）固定元器件。按照元器件规划位置，安装 DIN 导轨及走线槽，固定元器件。

（3）配线安装。根据配线原则及工艺要求，对照原理图进行配线安装。

图 8-22　PLC-变频器排水自动控制电路

3. 自检

（1）检查布线。对照原理图检查是否掉线、错线，是否漏编、错编，接线是否牢固等。

（2）使用万用表检测。使用万用表检测安装的电路，应按先一次主回路，后二次控制回路的顺序进行。

电源一定不能接到变频器输出端上（U，V，W），否则将损坏变频器。控制回路检测时，应重点检查 PLC 配线中的输入回路及输出元件 KA0～KA3 接法是否正确，保证 PLC 输出回路与变频顺输入回路之间可靠隔离。

4. 控制程序编制

使用编程软件在电脑上编辑梯形图程序。PLC-变频器排水自动控制程序如图 8-23 所示。

5. 程序下载

在断电状态下，用 PC/PPI 或 USB/PC/PPI 电缆连接计算机与 S7-200 CPU224 型 PLC。经自检，确认电路正确且无安全隐患后，在教师监护下，合上电源开关 QS，通过软件向

网络1

| | I0.4 | I0.5 | Q0.3 |
网络1
LD   I0.4
O   Q0.3
AN   I0.5
=   Q0.3

网络2
LD   I0.3
O   Q0.2
A   I0.2
=   Q0.2

网络3
LD   I0.2
AN   I0.3
LD   Q0.2
ED
OLD
O   Q0.1
A   I0.1
AN   Q0.2
=   Q0.1

网络4
LD   I0.1
AN   I0.2
AN   I0.3
LD   Q0.1
ED
OLD
O   Q0.0
A   I0.0
AN   Q0.1
AN   Q0.2
=   Q0.1

网络5
LD   I0.0
=   Q0.4

网络6
LD   I0.1
=   Q0.5

网络7
LD   I0.2
=   Q0.6

网络8
LD   I0.3
=   Q0.7

(a) 梯形图　　　　　　　　　　　　　　　　　　　　　　　　(b) 指令表

图 8-23　PLC-变频器排水自动控制程序

PLC 下载控制程序。

6. 通电运行调试

操作 SB1、SB2，用 4 个两线式光电开关模拟 SQ0～SQ3，观察是否满足任务要求。在监视模式下对比观察各编程元件及输出设备运行情况并做好记录。

注意：变频器通电运行后，改变接线的操作必须在电源切断10min后，用万用表检查电压后进行。变频器断电后一段时间内电容上仍然有危险的高压电。

【课后思考】

1. 如果改用单相三速风扇电机取代图8-21中的变频器及三相电动机，应怎样接线？试画出电路原理图。

2. 分析图8-23所示PLC-变频器排水自动控制程序，如果发现正常工作中调节池液位介于SQ3与SQ2之间，此时水泵以何种工作频率排水？

3. 图8-23所示控制程序中，Q0.0、Q0.1、Q0.2之间是否需要互锁控制？如其中多个输出继电器出现意外同时吸合，对变频器系统有无危险？

考 核 评 价

考核评价见表8-4。

表8-4　考核评价表

考核项目	考核要求	配分	评分标准	（按任务）评分		
				一	二	三
元器件安装	1. 合理布置元件； 2. 会正确固定元件	10	1. 元件布置不合理每处扣3分； 2. 元件安装不牢固每处扣5分； 3. 损坏元件每处扣5分			
线路安装	1. 按图施工； 2. 布线合理、接线美观； 3. 布线规范、无线头松动、压皮、露铜及损伤绝缘层	40	1. 接线不正确扣30分； 2. 布线不合理、不美观每根扣3分； 3. 走线不横平竖直每根扣3分 4. 线头松动、压皮、露铜及损伤绝缘层每处扣5分			
编程下载	1. 正确输入梯形图； 2. 正确保存文件； 3. 会转换梯形图； 4. 会传送程序	30	1. 不能设计程序或设计错误扣10分； 2. 输入梯形图错误一处扣2分； 3. 保存文件错误扣4分； 4. 转换梯形图错误扣4分； 5. 传送程序错误扣4分			
通电试车	按照要求和步骤正确检查、调试电路	20	通电调试不成功，每次扣5分			
安全生产	自觉遵守安全文明生产规程		发生安全事故，0分处理			
时间	5h		1. 提前正确完成，每10分钟加5分； 2. 超过定额时间，每5分钟扣2分			
综合成绩（此栏由指导教师填写）						

习　　题

1. 有3台电动机，要求启动时，每隔10min依次启动一台，每台运行8h后自动停机。在运行中可用停止按钮将3台电动机同时停机。试设计控制程序梯形图、写出语句表，并加注释。

2. 在图 8-8 中，要求采用两用一备的工作模式。即系统使用 1$^\#$、2$^\#$ 及 3$^\#$ 水泵供水。通过主令开关 SA2 选择工作水泵，左位时 1$^\#$、2$^\#$ 泵投用，右位时 2$^\#$、3$^\#$ 泵投用，中位时 3$^\#$、1$^\#$ 泵投用。两台工作泵以主辅模式工作，前者为主泵，后者为辅泵。SA1 为手动模式-自动模式转换开关，手动时用 6 只常开按钮控制 3 台泵的启动及停止，液位开关采用常开触点，其余功能要求同任务二。试设计并画出控制电路，编制梯形图程序，并加注释。

附表1 S7-200系列PLC特殊存储器（SM）标志位

SM 位	描　　　述
SM0.0	该位始终为1
SM0.1	该位在首次扫描时为1,用途之一是调用初始化子程序
SM0.2	若保持数据丢失,则该位在一个扫描周期中为1。该位可用作错误存储位,或用来调用特殊启动顺序功能
SM0.3	开机后进入RUN方式,该位将ON一个扫描周期。该位可用作在启动操作之前给设备提供一个预热时间
SM0.4	该位提供了一个时钟脉冲,30s为1,30s为0,周期为一分钟。它提供了一个简单易用的延时,或1min的时钟脉冲
SM0.5	该位提供了一个时钟脉冲,0.5s为1,0.5s为0,周期为1s。它提供了一个简单易用的延时,或1s的时钟脉冲
SM0.6	该位为扫描时钟,本次扫描时置1,下次扫描置0。可用作扫描计数器的输入
SM0.7	该位指示CPU工作方式开关的位置(0为TERM位置,1为RUN位置)。当开关在RUN位置时,用该位可使自由端口通信方式有效,当切换至TERM位置时,同编程设备的正常通信也会有效
SM1.0	当执行某些指令,其结果为0时,将该位置1
SM1.1	当执行某些指令,其结果溢出,或查出非法数值时,将该位置1
SM1.2	当执行数学运算,其结果为负数时,将该位置1
SM1.3	试图除以零时,将该位置1
SM1.4	当执行ATT(Add to Table)指令时,试图超出表范围时,将该位置1
SM1.5	当执行LIFO或FIFO指令时,试图从空表中读数时,将该位置1
SM1.6	当试图把一个非BCD数转换为二进制数时,将该位置1
SM1.7	当ASCII码不能转换为有效的十六进制数时,将该位置1
SM2.0	在自由端口通信方式下,该字符存储从口0或口1接收到的每一个字符
SM3.0	口0或口1的奇遇校验错(0=无错,1=有错)
SM3.1~SM3.7	保留
SM4.0	当通信中断队列溢出时,将该位置1
SM4.1	当输入中断队列溢出时,将该位置1
SM4.2	当定时中断队列溢出时,将该位置1
SM4.3	在运行时刻,发现编程问题时,将该位置1
SM4.4	该位指示全局中断允许位,当允许中断时,将该位置1
SM4.5	当(口0)发送空闲时,将该位置1
SM4.6	当(口1)发送空闲时,将该位置1
SM4.7	当发生强置时,将该位置1
SM5.0	当有I/O错误时,将该位置1
SM5.1	当I/O总线上连接了过多的数字量I/O点时,将该位置1
SM5.2	当I/O总线上连接了过多的模拟量I/O点时,将该位置1
SM5.3	当I/O总线上连接了过多的智能I/O模块时,将该位置1
SM5.4~SM5.6	保留
SM5.7	当DP标准总线出现错误时,将该位置1

附表 2 S7-200 系列 PLC 指令集简表

布尔指令		
LD	N	装载(电路开始的常开触点)
LDI	N	立即装载
LDN	N	取反后装载(电路开始的常闭触点)
LDNI	N	取反后立即装载
A	N	与(串联的常开触点)
AI	N	立即与
AN	N	取反后与(串联的常闭触点)
ANI	N	取反后立即与
O	N	或(并联的常开触点)
OI	N	立即或
ON	N	取反后或(并联的常闭触点)
ONI	N	取反后立即或
LDBx	N1,N2	装载字节的比较结果,N1(x:<,<=,=,>=,>,<>)N2
ABx	N1,N2	与字节比较的结果,N1(x:<,<=,=,>=,>,<>)N2
OBx	N1,N2	或字节比较的结果,N1(x:<,<=,=,>=,>,<>)N2
LDWx	N1,N2	装载字比较的结果,N1(x:<,<=,=,>=,>,<>)N2
AWx	N1,N2	与字比较的结果,N1(x:<,<=,=,>=,>,<>)N2
OWx	N1,N2	或字比较的结果,N1(x:<,<=,=,>=,>,<>)N2
LDDx	N1,N2	装载双字的比较结果,N1(x:<,<=,=,>=,>,<>)N2
ADx	N1,N2	与双字的比较结果,N1(x:<,<=,=,>=,>,<>)N2
ODx	N1,N2	或双字的比较结果,N1(x:<,<=,=,>=,>,<>)N2
LDRx	N1,N2	装载实数的比较结果,N1(x:<,<=,=,>=,>,<>)N2
ARx	N1,N2	与实数的比较结果,N1(x:<,<=,=,>=,>,<>)N2
ORx	N1,N2	或实数的比较结果,N1(x:<,<=,=,>=,>,<>)N2
NOT		栈顶值取反
EU		上升沿检测
ED		下降沿检测
=	Bit	赋值(线圈)
=I	Bit	立即赋值
S	Bit,N	置位一个区域
R	Bit,N	复位一个区域
SI	Bit,N	立即置位一个区域
RI	Bit,N	立即复位一个区域
LDSx	IN1,IN2	装载字符串比较结果,N1(x:=,<>)N2
ASx	IN1,IN2	与字符串比较的结果,N1(x:=,<>)N2
OSx	IN1,IN2	或字符串比较的结果,N1(x:=,<>)N2
ALD		与装载(电路块串联)
OLD		或装载(电路块并联)
LPS		逻辑入栈
LRD		逻辑读栈
LPP		逻辑出栈
LDS	N	装载堆栈
AENO		对 ENO 进行与操作

布尔指令		
数学、加1减1指令		
+I	IN1,OUT	整数加法,IN1+OUT=OUT
+D	IN1,OUT	双整数加法,IN1+OUT=OUT
+R	IN1,OUT	实数加法,IN1+OUT=OUT
−I	IN1,OUT	整数减法,OUT−IN1=OUT
−D	IN1,OUT	双整数减法,OUT−IN1=OUT
−R ·	IN1,OUT	实数减法,OUT−IN1=OUT
MUL	IN1,OUT	整数乘整数得双整数
* I	IN1,OUT	整数乘法,IN1 * OUT=OUT
* D	IN1,OUT	双整数乘法,IN1 * OUT=OUT
* R	IN1,OUT	实数乘法,IN1 * OUT=OUT
DIV	IN1,OUT	整数除整数得双整数
/I	IN1,OUT	整数除法,OUT/IN1=OUT
/D	IN1,OUT	双整数除法,OUT/IN1=OUT
/R	IN1,OUT	实数除法,OUT/IN1=OUT
SQRT	IN,OUT	平方根
LN	IN,OUT	自然对数
EXP	IN,OUT	自然指数
数学、加1减1指令		
SIN	IN,OUT	正弦
COS	IN,OUT	余弦
TAN	IN,OUT	正切
INCB	OUT	字节加1
INCW	OUT	字加1
INCD	OUT	双字加1
DECB	OUT	字节减1
DECW	OUT	字减1
DECD	OUT	双字减1
PID	Table,Loop	PID回路
定时器和计数器指令		
TON	Txxx,PT	接通延时定时器
TOF	Txxx,PT	断开延时定时器
TONR	Txxx,PT	保持型接通延时定时器
BITIM	OUT	启动间隔定时器
CITIM	IN,OUT	计算间隔定时器
CTU	Cxxx,PV	加计数器
CTD	Cxxx,PV	减计数器
CTUD	Cxxx,PV	加/减计数器
实时时钟指令		
TODR	T	读实时时钟
TODW	T	写实时时钟
TODRX	T	扩展读实时时钟
TODWX	T	扩展写实时时钟

布尔指令		
程序控制指令		
END		程序的条件结束
STOP		切换到 STOP 模式
WDR		看门狗复位（300ms）
JMP	N	跳到指定的标号
LBL	N	定义一个跳转的标号
CALL	N(N1,…)	调用子程序，可以有 16 个可选参数
CRET		从子程序条件返回
FOR	INDX,INIT,FINAL	For/Next 循环
NEXT		
LSCR	N	顺控继电器段的启动
SCRT	N	顺控继电器段的转换
CSCRE		顺控继电器段的条件结束
SCRE		顺控继电器段的结束
DLED	IN	诊断 LED
传送、移位、循环和填充指令		
MOVB	IN,OUT	字节传送
MOVW	IN,OUT	字传送
MOVD	IN,OUT	双字传送
MOVR	IN,OUT	实数传送
BIR	IN,OUT	立即读取物理输入字节
BIW	IN,OUT	立即写物理输出字节
BMB	IN,OUT,N	字节块传送
BMW	IN,OUT,N	字块传送
BMD	IN,OUT,N	双字块传送
SWAP	IN	交换字节
SHRB	DATA,S_BIT,N	移位寄存器
SRB	OUT,N	字节右移 N 位
SRW	OUT,N	字右移 N 位
SRD	OUT,N	双字右移 N 位
SLB	OUT,N	字节左移 N 位
SLW	OUT,N	字左移 N 位
SLD	OUT,N	双字左移 N 位
RRB	OUT,N	字节循环右移 N 位
RRW	OUT,N	字循环右移 N 位
RRD	OUT,N	双字循环左移 N 位
RLB	OUT,N	字节循环左移 N 位
RLW	OUT,N	字循环左移 N 位
RLD	OUT,N	双字循环左移 N 位
PILL	IN,OUT,N	用指定的元素填充存储器空间
逻辑操作		
ANDB	IN1,OUT	字节逻辑与
ANDW	IN1,OUT	字逻辑与
ANDD	IN1,OUT	双字逻辑与
ORB	IN1,OUT	字节逻辑或
ORW	IN1,OUT	字逻辑或
ORD	IN1,OUT	双字逻辑或

布尔指令		
逻辑操作		
XORB	IN1,OUT	字节逻辑异或
XORW	IN1,OUT	字逻辑异或
XORD	IN1,OUT	双字逻辑异或
INVB	OUT	字节取反(1 的补码)
INVW	OUT	字取反
INVD	OUT	双字取反
字符串指令		
SLEN	IN,OUT	求字符串长度
SCAT	IN,OUT	连接字符串
SCPY	IN,OUT	复制字符串
SSCPY	IN,INDX,N,OUT	复制子字符串
CFND	IN1,IN2,OUT	在字符串中查找一个字符
SFND	IN1,IN2,OUT	在字符串中查找一个子字符串
表、查找和转换指令		
ATT	TABLE,DATA	把数据加到表中
LIFO	TABLE,DATA	从表中取数据,后入先出
FIFO	TABLE,DATA	从表中取数据,先入先出
FND=	TBL,PATRN,INDX	在表 TBL 中查找等于比较条件 PATRN 的数据
FND<>	TBL,PATRN,INDX	在表 TBL 中查找不等于比较条件 PATRN 的数据
FND<	TBL,PATRN,INDX	在表 TBL 中查找小于比较条件 PTRN 的数据
FND>	TBL,PATRN,INDX	在表 TBL 中查找大于比较条件 PATRN 的数据
BCDI	OUT	BCD 码转换成整数
IBCD	OUT	整数转换成 BCD 码
BTI	IN,OUT	字节转换成整数
ITB	IN,OUT	整数转换成字节
ITD	IN,OUT	整数转换成双整数
DTI	IN,OUT	双整数转换成整数
DTR	IT,OUT	双整数转换成实数
ROUND	IT,OUT	实数四舍五入为双整数
TRUNC	IT,OUT	实数截位取整为双整数
ATH	IN,OUT,LEN	ASCII 码→十六进制数
HTA	IN,OUT,LEN	十六进制数→ASCII 码
ITA	IN,OUT,FMT	整数→ASCII 码
DTA	IN,OUT,FMT	双整数→ASCII 码
RTA	IN,OUT,FMT	实数→ASCII 码
DECO	IN,OUT	译码
ENCO	IN,OUT	编码
SEG	IN,OUT	7 段译码
ITS	IN,FMT,OUT	整数转换为字符串
DTS	IN,EMT,OUT	双整数转换为字符串
STR	IN,EMT,OUT	实数转换为字符串
STI	STR,INDX,OUT	子字符串转换为整数
STD	STR,INDX,OUT	子字符串转换为双整数
STR	STR,INDX,OUT	子字符串转换为实数

布尔指令		
中断指令		
CRETI		从中断程序有条件返回
ENI DISI		允许中断 禁止中断
ATCH DTCH	INT,EVENT EVENT	给中断事件分配中断程序 解除中断事件
通信指令		
XMT RCV	TABLE,PORT TABLE,PORT	自由端口发送 自由端口接收
NETR NETW	TABLE,PORT TABLE,PORT	网络读 网络写
GPA SPA	ADDR,PORT ADDR,PORT	获取端口地址 设置端口地址
高速计数器指令		
HDEF	HSC,MODE	定义高速计数器模式
HSC	N	激活高速计数器
PLS	X	脉冲输出

附表 3 S7-200 系列 PLC 致命错误代码

错误代码	描 述
000	无致命错误
0001	用户程序校验和错误
0002	编译后的梯形图程序校验和错误
0003	扫描看门狗超时错误
0004	永久存储器失效
0005	永久存储器上用户程序校验和错误
0006	永久存储器上配置参数(SDB0)校验和错误
0007	永久存储器上强制数据校验和错误
0008	永久存储器上缺省输出表值校验和错误
0009	永久存储器上用户数据 DB1 校验和错误
000A	存储器卡失灵
000B	存储器卡上用户程序校验和错误
000C	存储卡配置参数(SDB0)校验和错误
000D	存储器卡强制数据校验和错误
000E	存储器卡缺省输出表值校验和错误
000F	存储器卡用户数据 DB1 校验和错误
0010	内部软件错误
0011	比较接点间接寻址错误
0012	比较接点非法浮点值
0013	程序不能被该 S7-200 理解
0014	比较接点范围错误

参考文献

[1] 赵景波.实例讲解——西门子 S7-200 PLC 从入门到精通.北京：电子工业出版社，2016.

[2] 廖常初.PLC 编程及应用.第三版.北京：机械工业出版社，2017.

[3] 周四六.可编程控制器应用基础.第二版.北京：人民邮电出版社，2010.

[4] 周四六.FX 系列 PLC 项目教程.北京：机械工业出版社，2011.

[5] 周四六.S7-200 系列 PLC 应用基础.北京：人民邮电出版社，2009.